The universe is made out of stories, not of atoms.

Muriel Rukeyser, US-amerikanische Schriftstellerin und Aktivistin

Klimaneutral
Druckprodukt
ClimatePartner.com/12752-1803-1001

Zum Ausgleich für die entstandene CO2-Emission bei der Produktion dieses Buches unterstützen wir die landesweite Bereitstellung von energieeffizienten Biomassekochöfen in Uganda. Die verbesserten Kochöfen verbrauchen erheblich weniger Brennmaterial und verringern so die Luftverschmutzung und die Umweltzerstörung, während gleichzeitig Treibhausgasemissionen eingespart werden.

Bibliografische Information der Deutschen Nationalbibliothek
Die Deutsche Nationalbibliothek verzeichnet diese Publikation in der Deutschen Nationalbibliografie; detaillierte bibliografische Daten sind im Internet über http://dnb.de abrufbar.

Illustrationen und Grafik: Thomas Kappes, Hamburg
Layout: Christoph Schulz-Hamparian, Stuttgart
Druck und Bindung: Steinmeier GmbH & Co. KG, Deiningen
Printed in Germany

ISBN 978-3-86774-736-3

Besuchen Sie unseren Webshop: www.murmann-verlag.de
Ihre Meinung zu diesem Buch interessiert uns!
Zuschriften bitte an info@murmann-publishers.de
Den Newsletter des Murmann Verlages können Sie anfordern unter
newsletter@murmann-publishers.de

Bernhard Fischer-Appelt

STORYVERSE PLAYBOOK

Finde die
Geschichten, die alles
verändern

MURMANN

Dieses Buch beginnt mit einer guten Geschichte: der Zukunft der Bücher.

Räume mit Büchern haben mich schon immer fasziniert. In Bibliotheken und Buchläden habe ich viel Zeit verbracht. Mit Lesen oder Stöbern und immer auf der Suche nach Neuerscheinungen. Das Buch hat eine lange Tradition als Medium des Wissens und als Transporteur von Geschichten. Und mehr noch, oft ist es selbst eine ganz eigene Geschichte und prägt ein Narrativ. «Das Buch mit sieben Siegeln» oder «das Buch der Bücher». Bücher sind mehr als nur ihr Inhalt, sie können etwas Größeres, Mobilisierendes symbolisieren. Bücher von heute sind morgen Taten, hat Heinrich Mann gesagt.

Umso gespannter war ich, als unser Team zum Verlag aufbrach, um die Idee für dieses Buch vorzustellen.

Während meiner ganzen Karriere habe ich Organisationen in Kommunikationsfragen beraten. Über die Jahre hinweg habe ich gelernt, dass strategische Entscheidungen und die Vorstellungen von Zukünften – also dem, was möglich oder auch schier unmöglich erscheint – sich wechselseitig beeinflussen. Außerdem wurde mir klar, dass Zukunftsstrategien und ihre Entwicklung eng mit jenem Erzählkosmos verknüpft sind, der jede Organisation umgibt. So entstand die Wortneuschöpfung: Storyverse. Darüber wollte ich ein Buch schreiben. Genau genommen ein Playbook, also ein Buch mit Werkzeugcharakter. Denn ich möchte Menschen dazu befähigen, die Welt aus der erzählerischen Perspektive zu betrachten, den strategischen Wert dieser Sicht zu erkennen und die von mir und meinem Team entwickelte Methode zur Entwicklung von Zukunftsstrategien selbst zu nutzen: die Storyverse Canvas.

Vor dem Eingang des Verlags, das Manuskript unterm Arm, dachte ich an den Satz der US-amerikanischen Autorin Muriel Rukeyser: «The universe is made out of stories, not of atoms.» Das zeigt, welche Relevanz Geschichten für unser Leben haben. Was wären wir Menschen ohne Erzählungen und ohne die Fähigkeit, Ereignisse um uns herum ebenso wie das eigene Tun auf der Grundlage von Erzählmustern einzuordnen, zu beurteilen und zu begründen?

Wir wurden vom Verlagsteam herzlich empfangen und saßen schließlich bei Tee und Kaffee zusammen. Eigentlich wollten wir nur das mitgebrachte Buchmanuskript besprechen. Doch das Verlagsteam war neugierig, ob wir unsere Methode auch direkt für ihr Hauptprodukt – das Buch – anwenden könnten, um Zukunftsstrategien für den Verlag zu explorieren.

Natürlich nahmen wir die Herausforderung an.

Das Team erzählte uns von den Schwierigkeiten der Verlagsbranche, den «guten, alten Zeiten» und dem Disruptor Amazon. Aber es ging auch um Glücksgefühle beim Entdecken vielversprechender Manuskripte, um Hoffnungen und wünschenswerte Zukünfte. Wir waren neugierig darauf, mehr zu erfahren: über den Wandel der Verlagsbranche, neue Lesegewohnheiten und noch unbekannte Geschäftsmodelle. Schon waren wir mittendrin im Storyverse – dem Erzählkosmos eines Buchverlags.

Was könnte die Zukunft des Buches für die Zukunft der Verlage bedeuten – und damit auch für diesen Verlag? Wir starteten einen Testlauf mit unserer Storyverse Canvas.

Dabei leiteten uns drei Fragen: Erstens, welche Geschichten erzählt ihr über euch, zweitens, welche Geschichten werden über euch erzählt, und drittens, was sind die Geschichten über eure Zukunft und eure Vergangenheit?

Wie sieht sich der Verlag selbst? Erlebt er sich in der Rolle des Verteidigers des Buchs, des Bewahrers, in der des Disruptors, des Innovators oder gar des Revoluzzers? Sind Bücher im Abo-Modell vorstellbar? Wer liest warum digitale Bücher? Ab wann gewinnt ein anderes Format, zum Beispiel der Audio-Podcast? Was könnten zukünftige Geschäftsmodelle dieser Branche und dieses Verlages sein? Werden Bücher künftig noch gedruckt? Und wenn ja: welche? Welche Zielgruppe liest wirklich noch Bücher, welche blättert bloß in Coffee Table Books? Welche Typen von Autor:innen werden sich durchsetzen? Wandelt sich ihre Rolle noch stärker hin zu Influencer:innen und Self Publishers? Machen Buchverlage zukünftig ihren Umsatz mit dem Produkt Bücher oder werden sie eher eine multimediale Persönlichkeitsplattform für Autor:innen und deren Inhalte sein? Was könnte die beste Positionierung dieses speziellen Verlags sein?

Bücher sind, und das war ein schnell gefundenes neues Narrativ, auch ein Instrument zur Selbstinszenierung von Autor:innen. Ein Werkzeug, mit denen kreative Menschen eine bleibende Botschaft prägen. Dies war eine potenzielle Entwicklungslinie für die Zukunftsstrategie des Verlags.

Nach zwei Stunden wurde erkennbar, wie und wo sich der Verlag gegenwärtig verortet, welche Zukunftsideen aussichtsreich oder noch wenig erkundet sind und welche konkreten Limitationen den strategischen Handlungsraum beeinflussen würden. Dabei entwickelten wir Formulierungen, wie sich die vielversprechenden Neuausrichtungen des Verlags kommunizieren ließen – intern und extern.

Überlegungen zur Zukunft des Buches und des Verlags sind unabdingbar, um die künftigen Herausforderungen zu meistern. Dabei ist es wichtig, progressive und kühne Zukünfte zu entwickeln, also solche, die tatsächlich transformatives Potenzial haben. Das gilt nicht nur für das Buch oder den Verlag, sondern ebenso für das Start-up, für eine soziale Organisation oder für ein politisches Programm. Nicht minder entscheidend ist aber auch, wie sich diese Transformationen überzeugend erzählen lassen – um Teams und Communities für die Veränderung zu begeistern und zu mobilisieren. Denn eine Zukunftsstrategie ist resilient und langfristig nur nutzbar, wenn sie einer großen Idee folgt und ein emotionales Echo erzeugen kann.

Die Erarbeitung einer Zukunftsstrategie und ihre Kommunikation müssen kein langwieriges Projekt sein. Sie können agil, in schnellen Schritten erfolgen und zu einem ersten Wurf führen. Sie aber gründlich zu machen, braucht Training und Methodik.

Mit diesem Buch will ich Dir Tools an die Hand geben, mit denen Du Geschichten systematischer erzählen und für die Zuspitzung von Zukunftsstrategien nutzen kannst. Denn nur, was erzählbar, vermittelbar, argumentierbar ist, kann realisiert werden, kann Vertrauen stiften und eine überzeugende Strahlkraft entwickeln.

Und jetzt viel Freude beim Lesen und Anwenden.

Drei Fragen

1. Möchtest Du die Zukunft mitgestalten? Nicht nur kleinteilig etwas verbessern, sondern einen großen Schritt machen?
2. Willst Du Dich von den ausgedienten Erzählungen lösen, die Deine Branche fest im Griff haben, und neue Richtungen ausprobieren?
3. Ist Dir daran gelegen, Dein Anliegen zusammen mit anderen zu realisieren, sie davon zu überzeugen, zu gewinnen und mitzunehmen?

Falls du diese Fragen gerade mit «Ja» beantwortet hast: Willkommen im Storyverse.

Dies ist das Handbuch für Visionäre, Veränderungsspezialist:innen und Menschen, die den Status quo herausfordern und eine andere, bessere Zukunft mit erschaffen wollen – mit ihrem Engagement, einem innovativen Geschäftsmodell oder der Realisierung eines großen Projekts.

Das Storyverse Playbook richtet sich an alle, die auf der Suche nach den Geschichten sind, die alles verändern. Es ist das Buch für die nächste Generation.

Mit dem Storyverse die Zukunft gestalten

Grundlagen

Der Weg, Zukunftsstrategien zu entwickeln

Storyverse Canvas

Narrative und Zukunftsstrategien, die vieles verändert haben

Cases

Entwickle die Geschichten, die alles verändern

Storyverse Journey

Grundlagen
Mit dem Storyverse die Zukunft gestalten

Was ist das Storyverse?

Den Erzählkosmos ausloten

Am Anfang war das Wort. Erzählen ist eine zutiefst menschliche Aktivität. Seit Anbeginn unserer Existenz erzählen wir Menschen Geschichten.

Wir lauschen ihnen, verdichten sie oder tragen sie hinaus in die Welt. Früher am Lagerfeuer, heute auf Twitter. Geschichten sind überall und umgeben uns ständig.

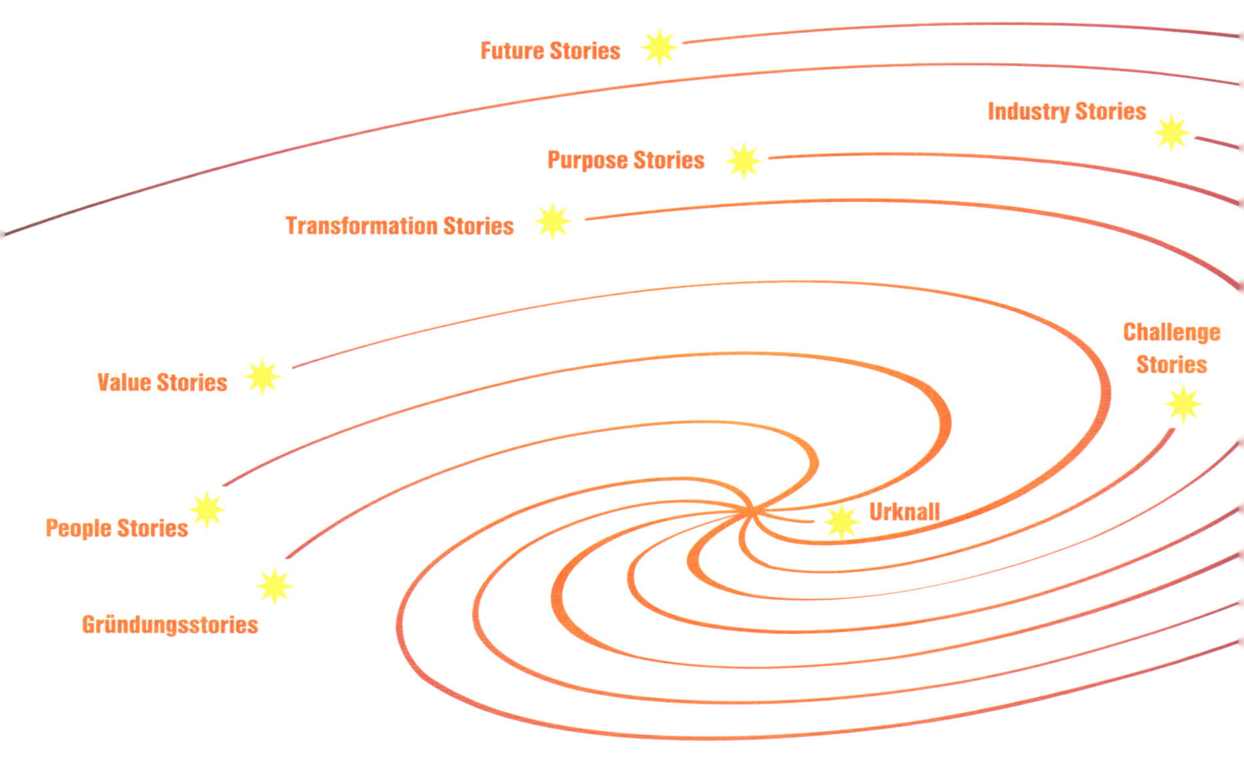

Sie sind so umfassend wie das Universum. Blicken wir nachts in den Himmel, können wir es erahnen. In einer klaren Nacht können wir den Mond betrachten.

Vielleicht entdecken wir Sternbilder. Und manchmal leuchten einzelne Sterne hell auf. Das Universum ist ein faszinierendes Gebilde.

Wir wissen nur wenig von der unermesslichen Weite, von fernen Galaxien. Aus der Wissenschaft kennen wir höchstens die Lichtjahre weit entfernten Planeten auf ihren Umlaufbahnen. Beim Blick ins Weltall mögen wir uns klein fühlen. So viel größer ist das, was uns da umgibt und von dem wir ein Teil sind.

Denken wir an die Geschichten, die uns umgeben. Auch wenn wir sie in ihrer Komplexität und Vielfalt nicht direkt erkennen können, sind sie ständig da – und strukturieren unser Dasein in der Welt. Sie durchfließen uns. Sie verdichten sich und sind miteinander verbunden. Das Universum der Geschichten, das Storyverse, um das es hier geht, steht für den erzählerischen Raum, der uns umgibt – und in dem unaufhörlich neue Geschichten entstehen.

Erzählen liegt in der Natur des Menschen. Aus vielen Erzählungen entsteht Sinn und Ordnung: eine Idee davon, wie wir die Welt verstehen. Ganz so, wie es auch im Universum eine gewisse Ordnung aus Sternbildern, Milchstraßen, Planeten und deren Monden gibt.

Das Storyverse ist nicht irgendwo da draußen, sondern ist ein wesentlicher Teil von Dir und Deiner Organisation.

Die Welt ist ein Storyverse. Wir sind seit jeher darin eingebettet, gleichzeitig füllen wir diesen Erzählkosmos mit neuen Geschichten. Das gilt für die Einzelperson, für Unternehmen oder Organisationen.

Durch neue Kommunikationstechniken und Medien hat sich jedoch verändert, wie Geschichten entstehen und in uns nachhallen: Geschichten lassen sich heute leichter teilen, kommentieren, weitererzählen und verfremden. Sie sind kürzer geworden, auf Twitter nur maximal 155 Zeichen lang. Das Storyverse wird dadurch dichter und immersiver, weil wir Stories an vielen Orten und Geräten erleben können und dort in einen interaktiven Austausch mit ihnen treten: liken, sharen, kommentieren. Das Storyverse ist mehr denn je ein Raum, in den wir tief eintauchen und aktiv Zeit verbringen. Es übt eine immer stärkere Anziehungskraft aus und ist zugleich immer weniger kontrollierbar.

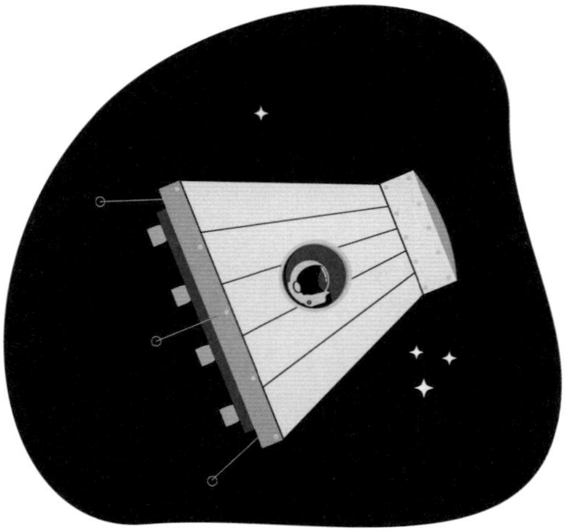

In diesem Buch geht es um den Erzählraum rund um Deine Organisation. Da Du Teil dieses Raumes bist, kannst Du ihn nicht nur verstehen, seine Muster erkennen, seine Wirkung einschätzen, sondern ihn auch mitgestalten.

Oft ist die Rede davon, dass wir in einem postfaktischen Zeitalter leben. Der Begriff mag überspitzt klingen, doch zu beobachten ist auf jeden Fall, dass in vielen Debatten die Emotionen stärkeren Einfluss haben als die Fakten. Die Anerkennung dieser Realität heißt keinesfalls, dass Fakten irrelevant geworden sind. Doch allein Erzählungen können die Menschen so sehr inspirieren, motivieren oder ängstigen, dass Fakten infrage gestellt oder bedeutungslos werden.

Mehr denn je ist es deshalb erforderlich, dass es Führungspersonen und Organisationen gelingt, Erzählungen zu identifizieren und zu formulieren, die ihre Mission oder ihren Zweck stärken. Geschichten können Strahlkraft haben, sie können ein Fundament legen für die Werte und die Glaubhaftigkeit einer Organisation. Sie können aber auch Vertrauenskrisen auslösen und Projekte oder Organisationen vom Kurs abbringen.

Ja, Geschichten gibt es seit Beginn der Menschheit. Aber die Notwendigkeit für die systematische und strategische Arbeit mit Narrativen, mit sinnstiftenden Erzählungen, ist neu.

Die Arbeit mit Narrativen und Stories, die sie transportieren, ist spannend. Oftmals erkennt man erst auf diesem Weg die Widersprüche, die in einer Organisation existieren, aber auch, wie sich verschiedene Stories zu einer Konstellation zusammenstellen lassen und sich gegenseitig positive Resonanz geben. Natürlich birgt das Geschichtenerzählen auch die Gefahr der Manipulation. Narrative kann man mit der Absicht in die Welt setzen, andere hinters Licht zu führen. Aber narrative Strategien sind keineswegs per se unredlich. Im Gegenteil: Wir Menschen denken und verstehen Sinnzusammenhänge fast immer in Narrativen. Dabei hilft das Wissen, um die Wirkungskraft von Narrativen und manipulativen Geschichten zu entschlüsseln.

Bewusst und strategisch mit Zukunftsnarrativen umzugehen, kann im besten Fall zu einer transparenteren und ehrlicheren Weise führen, wie wir uns und unsere Gegenwart und Zukunft erzählen.

Wer braucht das Storyverse?

Navigation auf Zukunftskurs

Wenn Du Dich im Kreis drehst und nicht weiterweißt, und vor allem dann, wenn Du etwas großes Neues vorhast oder herausarbeiten willst, eine Zukunftsstrategie: Dieses Buch hilft Dir, neue Perspektiven gegenüber Deiner Organisation oder Deinem Unternehmen einzunehmen und zu verstehen, wie Du Geschichten für Dich nutzen kannst.

Denn heute geht es nicht mehr nur darum, das beste Produkt auf den Markt zu bringen, der oder die Erste damit zu sein, sondern darum, das richtige Narrativ zu identifizieren, es zirkulieren zu lassen und die medialen Kanäle und Strukturen, etwa digitale Plattformen, dafür zu etablieren. Schließlich gilt es, andere Menschen mitzunehmen und zu überzeugen. Hinzu kommt, mittels Narrativen die Fragen, Probleme und Belastungen, aber auch die unendlichen Möglichkeiten der Welt von morgen und übermorgen antizipieren zu können, um ein Unternehmen zukunftsfähig zu machen.

Im Storyverse hilft die Narrative Strategie, Zukünfte zu fokussieren.

Du brauchst die Arbeit mit dem Storyverse, wenn Deine Erzählungen von Deiner Organisation oder Deinem Unternehmen Dich selbst und andere nicht mehr überzeugen.

Start-ups & Gründer:innen

...können die Narrative Strategie nutzen, um Geschäftsmodell und Idee zu schärfen und eine transformative Strategie herauszuarbeiten.

Wirksame Narrative vermitteln dabei die Kernkompetenzen, das disruptive Potenzial und auch den Sinn des Start-ups für Markt, Kund:innen und Gesellschaft zu entdecken.

Die Narrative Strategie hilft Dir, die Kommunikation mit wichtigen Stakeholdern, Investor:innen oder potenziellen Partnern vom frühen Ideenfindungsprozess bis hin zu fortgeschrittenen Finanzierungsrunden zu verbessern.

Öffentliche Personen & Meinungsbildner:innen

...können die Narrative Strategie einsetzen, um ihr Profil zu schärfen oder die gewünschte Aufmerksamkeit zu erzielen.

In der Welt der Wirtschaft, der Politik, der Wissenschaft oder der Kunst bist Du tief im Wettbewerb um das Narrative Leadership. Von Dir wird erwartet, der Öffentlichkeit einen klaren Standpunkt zu vermitteln, ein transformatives Ethos zu verkörpern und den Weg in eine Zukunft weisen zu können. Die Geschichten, die Du erzählst, können helfen, die Werte einer Organisation in konkrete Handlungen umzusetzen.

Dies ist nicht nur ein Wettbewerb um die besten Ideen, sondern auch um die überzeugendsten, transformationsfähigsten Erzählungen. Genau hier macht die Narrative Strategie einen großen Unterschied.

Brand Manager:innen & Influencer:innen

... können die Narrative Strategie nutzen, um die Positionierung ihrer Marken und Profile zu verbessern. Neben dem bewährten Baukasten zur Markenführung gibt es jetzt auch ein Instrument, um den Erzählraum zu klären.

Du kannst Narrative identifizieren, die die Werte und Haltungen einer Marke für die Öffentlichkeit produktiv machen. Häufig verlieren Marken und Influencer:innen im Laufe der Zeit ihre klare Vision und Anziehungskraft. Die Narrative Strategie kann helfen, neben dem Kontinuum der Marke auch die Zeitläufte systematisch einzubeziehen und in die Zukunft zu führen.

Steuere die Beziehungen zwischen Verbraucher:innen und Marken, indem Du die tieferen Muster hinter den Geschichten berücksichtigst, die wir über Marken und über uns selbst erzählen.

Corporate Executives & Strateg:innen

... können die Narrative Strategie anwenden, um Zukunftsstrategien zu entwickeln und Vorhaben nachvollziehbar und plausibel zu machen.

Viele Unternehmen – besonders große – tun sich schwer, ein intuitives Verständnis für ihre Beziehung und ihren Beitrag zur Welt zu entwickeln. Die Narrative Strategie kann helfen, eine transformative Geschichte zu formen, die eine solide Grundlage für die langfristige strategische Entwicklung bietet und den Binnenfokus vermeidet.

In vielen Unternehmen herrscht eine Diskrepanz zwischen der Strategie auf der Managementebene und ihrer Anwendung in anderen Unternehmensbereichen. Diese Diskrepanz kannst Du durch ein vermittelndes Narrativ verringern.

Aktivist:innen & Social Changemakers

... können auf die Narrative Strategie setzen, um Kampagnen zu planen oder Unterstützung für ihre Anliegen und Projekte zu bekommen.

Ob Graswurzelinitiative, Wahlkampagne oder soziale Bewegungen – die Narrative Strategie kann solche Bemühungen mit einer übergreifenden Transformationsgeschichte und einem Plan zur Vermeidung schädigender Narrative stärken.

Eine solche Strategie kann Deine Kommunikationsanstrengungen bündeln und die Reichweite einer Kampagne oder Bewegung erheblich steigern, auch bei relativ begrenzten Ressourcen.

Willst Du auf einem Zukunftskurs navigieren?

- Fokussiere Dich auf die Welt von morgen, statt lediglich auf die Gegenwart zu reagieren.
- Begleite organisationale Veränderung, indem Du eine funktionierende Zukunftsidentität findest.
- Entwickle überraschende Businessmodelle und finde die passenden Erzählungen, um sie zum Erfolg zu führen.
- Vor allem: Mobilisiere andere Menschen, die Du mitnehmen willst.

Die Gestaltung von Zukunft geht nicht alleine, sondern nur gemeinsam! Dafür ist ein klares Bild entscheidend!

Was sind Narrative?

Wie der Sinn von Geschichten durch Muster entsteht

«Vom Tellerwäscher zum Millionär», «Phönix aus der Asche» oder «David gegen Goliath» sind klassische Beispiele für Narrative. Also für die Muster und Tiefenstrukturen hinter den Geschichten, die wir erzählen. Narrative helfen uns, neue Informationen einzuordnen – und sie dienen als Blaupause für Botschaften, die wir vermitteln wollen. Diese Muster, die wir in Geschichten entdecken, vermitteln uns ein Gefühl der Erwartbarkeit und erzeugen Sinn. Narrative leiten uns an, wie wir Informationen interpretieren und der Welt um uns herum einen größeren Sinn verleihen können. Sie sind die Bausteine der eigenen Annahmen – das, was wir als «common sense» beschreiben.

Die rasante Zunahme der Menge, Häufigkeit und Komplexität der menschlichen Kommunikation in den letzten Jahrzehnten hat dazu geführt, dass Narrative immer wichtiger geworden sind – um Handlungen, Entscheidungen, Veränderungen oder Innovationen in der Gesellschaft zu legitimieren, zu initiieren oder um andere für sie zu begeistern.

Im Alltag werden Narrativ und Story häufig gleichgesetzt. Wir bezeichnen mit Story jedoch ein konkretes Element, das einem Narrativ zugeordnet wird und dieses transportiert. Zum Beispiel kursieren viele Geschichten über Start-ups, die in Garagen gegründet wurden und heute als Tech-Giganten den Weltmarkt dominieren. Dabei steht die Garage in diesen Geschichten für ein konkretes Narrativ – das Narrativ des bescheidenen Anfangs, aus dem etwas Großes entsteht –, während sich die einzelnen Garagenstories je nach Unternehmen unterscheiden.

Der Erzählraum, um den es hier geht, das Storyverse, ist also nicht nur von Geschichten geprägt, sondern viel stärker noch von narrativen Mustern.

Was bewirken Zukünfte?

Über die Kraft von Narrativen, Veränderung anzustoßen

Wie könnte die Zukunft der Gesellschaft aussehen, der Demokratie, der Mobilität, der Bildung? Hat unser Fleischkonsum eine Zukunft, und wenn ja: welche? Über solche und andere Entwicklungen gibt es unzählige Vorhersagen. Dabei ist Zukunft etwas, das man nicht wissen, nicht planen, nicht kontrollieren kann. Wir sprechen deshalb lieber im Plural: Zukünfte stehen für die vielfältigen Möglichkeiten des Zukünftigen. Auch wenn diese Vorstellung schwerfallen mag: die Idee einer pluralistischen, aus Möglichkeiten geformten Zukunft hat einen hohen Wert. Denn sie eröffnet uns den weiten Raum des Denkens in Alternativen und gibt uns damit ein wirksames Werkzeug in die Hand, um Zukunft zu gestalten.

Wer die Zukunft gestalten will, muss ins Handeln kommen – etwa Start-ups gründen, Initiativen ins Leben rufen oder Politik machen. Das Handeln alleine reicht nicht aus. Man muss auch erzählerisch so kompetent sein, dass Zukünfte und Veränderungsprozesse verständlich werden und sich andere dafür begeistern können. Zukünfte sind nicht nur Szenarien von etwas, was kommen könnte. Zukünfte sind auch Möglichkeitserzählungen, die Transformationen begreiflich und vermittelbar machen können.

Wer Zukunft gestalten will, muss die Kraft der Erzählungen strategisch zu nutzen wissen und sie deshalb auch überzeugend erzählen können.

Welches Mindset braucht die Zukunft?

Über die Möglichkeit, Unmögliches zu denken

Lust auf Transformation!

- Transformation steht für mehr als den Weg von Zustand A zu Zielzustand B;
- hat meist offene Enden und verläuft in Schüben;
- betrifft Menschen unterschiedlich und braucht zur Akzeptanz eine Perspektive individuellen Nutzens;
- Narrative können Transformationen plausibler machen.

Offenheit gegenüber dem Zukünftigen!

- Schätze nicht nur Kontinuität, sondern vor allem Veränderung;
- fokussiere nicht auf Worst-Case-Szenarien, sondern orientiere Dich an mutigen und wünschenswerten Zukunftsentwürfen;
- glaube an die Möglichkeit, dass es in Zukunft besser wird;
- schaue weiter voraus (Weitsicht), aber bleibe beweglich (mentale Flexibilität);
- bleib neugierig und kreativ;
- begreife die Zukunft als gestaltbar, trotz Vorhersagen und Prognosen.

Raum für Fiktion!

- Betrachte die Zukunft als Denkraum für neue Ideen und plausible Fiktionen statt als bloße Verlängerung der Gegenwart;
- denke über die Grenzen des Möglichen und Machbaren hinaus;
- fang an, deine Zukunftsentwürfe im Denkraum der plausiblen Fiktion zu verorten;
- führe dir vor Augen, dass diejenigen Zukunftsentwürfe faszinierende Anziehungskraft ausüben, die noch unmöglich erscheinen.

Wie entstehen Zukunfts-strategien?

Narrative aktivieren, um ein Storyverse zu entwickeln

Klar ist: Vom Erzählen allein ist noch keine Zukunft Wirklichkeit geworden. Zukunft braucht auch Ziele, Planung und Umsetzung sowie die Aktivierung von wichtigen Stakeholdern und Unterstützer:innen. Denn zukunftsfähig zu sein bedeutet, über die Narrative informiert zu sein, die für das eigene Vorhaben relevant sind, und mit ihnen umgehen zu können.

Wer die Zukunft gewinnen will, muss die Zivilgesellschaft bewegen, auf gesellschaftlichen Wandel proaktiv reagieren zu können. Dabei hilft es, wenn man einer Geschichte folgt, die wie der Nordstern am Himmel auf dem eigenen Weg Orientierung gibt.

Stell Dir eine Organisation vor. Vielleicht eine beliebige. Vielleicht Deine eigene. Handeln die Geschichten, die in dieser Organisation erzählt werden, von glaubhafter Aufbruchstimmung in eine spannende und mobilisierende Zukunft? Oder sind es hauptsächlich Abgesänge auf längst vergangene Zeiten? Der aufmerksame Blick auf Zukünfte determiniert und plausibilisiert entscheidend die Unternehmensstrategie und umgekehrt. Wichtig ist es deshalb, immer wieder auszuloten, was möglich ist und was wir uns für die Zukunft überhaupt wünschen.

Unternehmensstrategien entfalten sich in einem Raum, der erklärbar oder, noch besser, erzählbar ist. Dieser Raum ist nicht unendlich groß, im Wesentlichen sogar eher überschaubar. Deshalb sind solche Strategien, unabhängig davon, ob sie kommuniziert werden sollen, letztlich Geschichten über die Zukunft: Wo will man hin, wie will man sich weiterentwickeln? Wie kommen wir ans Ziel?

Organisationen, die Narrative strategisch nutzen, verstehen, dass die Zukunft offen, gestaltbar und plural ist. Sie sind in der Lage, ihre Narrative zu verändern, und verstehen die Relevanz von zukunftsweisenden, bedeutungsstiftenden und identitätsschaffenden Narrativen – innerhalb und außerhalb der Organisation.

Wie gute Zukunftsstrategien entwickelt werden können, das vermittelt Dir dieses Buch.

Wir sind überzeugt, dass eine gute Erzählung nicht nur gute Kommunikation ist – sondern das Fundament für strategische Ausrichtungen legt.

Narrative sind wesentliche Elemente bei der Entwicklung zukunftsorientierter Strategien. Sie prägen unser Bild über mögliche Zukünfte, die Rolle der Organisation und ihre Gestaltungsmöglichkeiten. Dieses Buch fordert auf, das eigene Storyverse zu erkunden, um Zukunftsstrategien zu entwickeln. Es geht darum, die Geschichten zu finden, die alles verändern. Das Werkzeug für den strategischen Umgang mit Narrativen – kurz: Narrative Strategie – ist das «Narrative Sky-Modell». Und die Storyverse Canvas ist die Methode, die es ermöglicht, den Prozess zur Entwicklung einer Zukunftsstrategie übersichtlich zu strukturieren und sichtbar zu machen.

Wir haben sie entwickelt und erprobt, damit Organisationen und Führungspersonen schneller vielversprechende Geschichten und neue Entwicklungspfade entdecken, die ihnen helfen, richtungsweisende Veränderungen anzusteuern und andere auf diesem Weg mitzunehmen.

So geht das bei Tim und Greta

Zwei Themenwelten und ihr narrativer Erzählkosmos

Das Gründungsnarrativ der Start-up-Garage

Nach der Gründung von Apple, am 1.4.1976, wurden hier die ersten 50 Apple I-Platinen aus einer Bestellung für The Byte Shop angefertigt.

Unboxing-Narrativ

Seit dem 9.1.2007, der Vorstellung des ersten iPhones, ist das Narrativ der Auspackzeremonie, zu der jeder seine eigene Geschichte erzählen kann, fester Bestandteil der Apple-Sage.

Narrativ versus Claim

«Think different» war 1997 Teil einer Apple-Werbekampagne, die das eigentliche Narrativ transportiert – nämlich daran zu glauben, dass Menschen mit Leidenschaft die Welt zum Besseren verändern können (Steve Jobs). Es knüpft damit an ein Motiv der Gegenkultur. Apple zählt nicht zu den Unternehmen, die ihre Kernnarrative dauerhaft mit solchen Claims, schon gar nicht mit nur einem Claim anreichern.

Vom Pappschild als Gründungsnarrativ ...

Ebenso aus dem «Nichts» kommt das Narrativ von Greta, ein ebenso vollkommener Widerspruch: Weil es bereits genug Wissen zum Klimawandel gäbe, bestreikte Greta die Schule: Genug gelernt – Zeit zum Handeln, und provozierte so eine ganze Generation von Wissenden.

... zum Generationenkonflikt

Aus der kleinen Aktion des Freitagsstreiks ist längst eine globale Bewegung geworden.

An Apple a day keeps the doctor away

Steve Jobs aß täglich einen Apfel, und nachdem seine Gründungscrew auch innerhalb von drei Monaten keine Idee für ein gutes Logo hatte, drohte er damit, die Firma Apple zu nennen. Es blieb dann dabei. Es gibt mehrere Theorien, warum der Apfel angebissen ist. Der Biss in den Apfel steht schon für den Sündenfall im Buch Genesis in der Bibel.

Das Wertnarrativ

Apple ist auch heute noch in Laufentfernung zu seiner Gründungsgarage präsent, jedoch nun mit einem eigenen «Apple Park». Dem heutigen CEO Tim Cook ist es gelungen, das Unternehmen zu einem der wertvollsten der Welt zu entwickeln.

Ein neuer Nordstern

CEO Tim Cook: Wenn Du in die Zukunft zoomst und zurückblickst und die Frage stellst, was Apples größter Beitrag für die Menschheit war, wird das Thema Gesundheit eine entscheidende Rolle spielen.

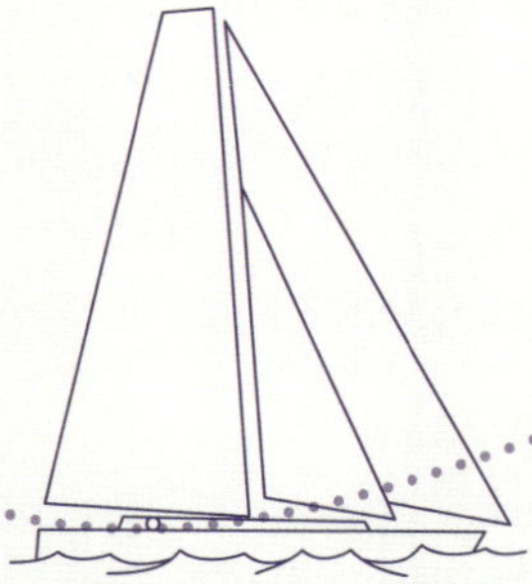

Segeln nach New York «Unite behind Science»

Das Kernnarrativ der Bewegung zum Wissen um die Zukunft steht im Vordergrund einer spektakulären Reise, die die Bewegung endgültig globalisiert hat.

Wie arbeitest Du mit diesem Buch?

Werkzeuge für die Entwicklung von Zukunftsstrategien

Dieses Buch versteht sich als praxisorientierter Wegweiser für Menschen, die etwas verändern wollen. Es ist kein typisches Strategie- oder Managementbuch, sondern ein Playbook – also ein Skript, mit dem Du selbst zur Moderator:in oder zur Wegbereiter:in von Veränderung werden kannst.

Im Mittelpunkt steht die Storyverse Canvas als Methode für die Entwicklung von Zukunftsstrategien, die Dir letztlich ein übersichtliches Gesamtbild dieser komplexen Aufgabe liefert. Die Arbeit mit der Storyverse Canvas hilft Dir, den eigenen Nordstern zu entwickeln, um damit die Geschichten zu erschließen, die für die Transformation Deiner Organisation und die Mobilisierung Deiner Zielgruppen zielführend sind.

Bei der Arbeit mit der Storyverse Canvas wirst Du drei Phasen durchlaufen:

In der **Vorbereitungsphase** geht es zunächst um Orientierung: Du wirst unterschiedliche Geschichten sammeln und aus unterschiedlichen Perspektiven auf Deine Organisation blicken.

In der **Strategiephase** geht es um die strategische Ausrichtung und Positionierung Deines Anliegens und darum, mit welcher Erzählung es sich in welche Zukunft entwickeln soll. Dabei gilt es, Geschichten in Narrative zu übersetzen.

Zuletzt geht es um die entscheidende **Aktivierungsphase**: Damit Deine Narrative in der Zukunft wirken können, müssen sie auch gehört, verstanden und geteilt werden.

Die Storyverse Canvas wird Dir helfen, Klarheit und Überblick über Deine Organisation zu erlangen. Du wirst dafür sensibilisiert werden, welche Geschichten und Narrative Dich genau umgeben – und welche Dich fest im Griff haben. Das ist notwendig, um systematisch bessere Erzählungen zu entdecken und die bestehenden Narrative zu verändern.

Gerade weil es um Zukunftsstrategien geht, ist es wichtig, die Herkunft und die Gegenwart Deiner Organisation zu betrachten. Denn von hier startest Du. Um die Zukunft von der Vergangenheit abzugrenzen und um den eigenen Kern und dessen Bedeutung zu erkennen.

Das Werkzeug, das Dir in neun Schritten hilft, Deine Erkenntnisse zu überblicken, ist das **Narrative Sky-Modell**. Dieses Modell fokussiert nicht nur auf große Visionen, sondern auch auf Risiken und Gefahren, es hilft, strategische Zusammenhänge von guten Gelegenheiten und schnellen Möglichkeiten zu unterscheiden. Das Modell verlässt sich also nicht auf eine zentrale Idee oder ein Leitmotiv alleine, sondern hilft, eine narrative Konstellation zu bauen, die auf mehreren Säulen steht. Das Modell ist ein Tool, in das Du Deine Arbeitsergebnisse übersichtlich eintragen kannst.

Das letzte Kapitel dieses Buches ist einigen exemplarischen **Cases** gewidmet. Mit welchen Narrativen arbeiten bekannte Akteure und Organisationen heute? Dafür stellen wir Dir eine Reihe von Praxisbeispielen vor, anhand derer verständlich wird, wie und wo Narrative zur Anwendung kommen. Egal, ob es um die Zukunft eines klassischen Getränks wie Milch geht, die Befriedung einer Touristeninsel, die heute zu einem Konfliktherd geworden ist, oder um die Transformation einer Sportwagenmarke.

Du sollst einen Überblick über die Bandbreite möglicher Geschichten bekommen und wie man damit arbeiten kann. Diese Beispiele sollen Dich inspirieren, um Zukunftsstrategien zu entwickeln und auf den Weg zu bringen.

Dieses Buch bringt Dich in einen proaktiven Modus, lässt Dich nach vorne blicken und ermuntert Dich, die Zukunft zu gestalten. Es geht darum, Transformationspotenziale in Deiner Kommunikation systematisch zu analysieren und anzuwenden.

Die Übungen und Tools, die in diesem Buch vorgestellt werden, kannst Du online herunterladen.

Storyverse Canvas

Der Weg, Zukunfts-strategien zu entwickeln

Reiseptipps

Was auf Dich zukommt und wie Du am besten vorgehst

Das Mädchen im Sterntaler-Märchen braucht am Ende nach langer Reise nur den Rock aufhalten und schon fallen die Sterne hinein und verwandeln sich in Silbermünzen. Ganz so leicht wird die Reise durchs Storyverse nicht werden. Aber auch hier geht es darum, aus den Geschichten, die am Firmament blinken, konkrete Strategien oder auch bare Münze zu machen. Dazu müssen diese Sterntaler erst einmal gesammelt, sortiert, veredelt, rearrangiert und wieder in Umlauf gebracht werden.

Diesen Prozess geht dieses Buch Schritt für Schritt mit Dir durch.

Zwar liegt in der Schrittfolge eine bestimmte Logik und Stringenz, im Grunde aber ist jeder der einzelnen Schritte wertvoll für sich. Du wirst auf diesem Weg die Herausforderungen genau analysieren, vor denen Du stehst und die Deine Reise überhaupt erst notwendig machen.

Du wirst etwas über Zukünfte lernen, warum sie im Plural stehen und wie Du sie so ausrichtest, dass sie zu Deiner Organisation passen. Vor allem aber wirst Du Geschichten sammeln und aus ihnen Narrative entwickeln. Selbst wenn Du nur diese beiden Schritte im Buch ausführst, wirst Du danach mehr über Dich und Deine Organisation wissen, Du wirst schneller Antworten finden und zu vielen unterschiedlichen Angelegenheiten sprechfähig werden.

Wenn Du weitergehst, wirst Du verschiedene Arten von Narrativen unterscheiden lernen. Heute wird immer mehr und immer schneller kommuniziert. Welche Narrative geben Gelegenheiten dazu? Welche gehören eher zum ewigen Nebenrauschen des Storyverse, das man auch Noise nennen kann? Warum saugen manche Narrative die Energie aus jeder Unterhaltung und strategischen Überlegung und wie findet man strategische Antworten darauf? Wie kann man existierende und neu gefundene Narrative so anordnen, dass sich daraus eine überzeugende, authentisch wirkende narrative Konstellation ergibt?

Vor allem aber: Wie finde, formuliere und aktiviere ich ein Nordstern-Narrativ, das längerfristig Orientierung gibt?

Ich werde mein Modell im Folgenden anhand vieler verschiedener Beispiele erklären. Denn das Großartige an der Narrativen Strategie ist, dass es egal ist, ob Du ein Narrativ für ein unter Druck geratenes Traditionsprodukt, etwa konventionell hergestellte Kuhmilch, suchst, die Konflikte zwischen Einheimischen und Touristen auf einer Insel befrieden möchtest oder eine politische Partei erfolgreich in den Wahlkampf führen möchtest – in all diesen Fällen hilft die Aufklärungsreise durchs eigene Storyverse.

Der Weg ist auch hier Teil des Zieles!

Das Wichtigste ist: Nimm Dir Zeit und arbeite am besten nicht allein, sondern mit einer überschaubaren und divers aufgestellten Gruppe. Geh noch einmal zurück, wenn Du glaubst, dass Du etwas vergessen hast oder die Dinge nun anders siehst. Die meisten Übungen, die ich beschreibe, produzieren die besten Resultate, wenn man sie wiederholt oder immer wieder auf sie zurückkommt, Ergebnisse nachträgt oder umsortiert.

Dein Reiseziel

Finde ein Nordstern-Narrativ

Wie wäre es, wenn Du nicht lange überlegen müsstest, um auf überraschende Fragen und aktuelle Debatten zu Deiner Organisation schnell die richtige Antwort zu finden? Wenn Du für alle Zukunftsfragen, mit denen Du konfrontiert wirst, eine klare Idee hättest, was für Dich Zukunft bedeutet?

Ich habe dieses Buch für alle geschrieben, die die Zukunft gestalten wollen – auf ihre ganz eigene Weise. Egal, ob für Start-ups, traditionsreiche Familienunternehmen, Börsenkonzernen, Parteien, Initiativen oder NGOs. Deshalb schreibe ich hier meistens allgemein von Organisationen, weil es mindestens um einen Teamzusammenhang geht und immer um eine zweckgebundene Einheit.

Viele Menschen und Organisationen haben ein klares Ziel. Aber bei Weitem nicht alle haben ein klares Zukunftsbild. Zukunftserwartungen schafft man nicht nur mit Messbarem, mit einem Zahlenziel oder damit, einen Plan zu haben, den man umsetzen möchte. Wer ein Haus bauen möchte, hat ein Ziel und einen Plan. Aber ob mit dem Haus auch eine Zukunft verbunden ist – und wenn ja, welche –, das ist eine andere Sache. Ist es ein Atelier oder ein Studio, ein Bürohaus oder eine Fabrik, und wenn ja, wofür? Zweifellos beginnt mit dem Hausbau eine Transformation, die Frage ist nur: Wohin?

1785 versus 2020

Für die im Jahr 1785 gegründete Stadtbibliothek in Oslo wurde 2020 ein neues Gebäude eröffnet: als Medienplattform der Zukunft oder Haus der digitalen Welten. Stellt sich die Frage: Wie kann eine Bibliothek als Zukunftsformat entstehen, obwohl es sich bei Bibliotheken auf den ersten Blick um eine eher anachronistische Institution handelt? Nicht nur der Bau des neuen Gebäudes erzählt auf materieller Ebene von Zukünftigkeit, sondern auch das eingewobene Digitalisierungsnarrativ. Diese moderne Bibliothek entspricht am Ende einer Mischung aus Stadtbibliothek, Volkshochschule und Internetplattform – und steht für eine erstrebenswerte Wissenszukunft, während sie einen neuen Zugang zu Wissen und Literatur vermittelt. Beides ist jetzt nicht mehr nur konkret räumlich, sondern auch digital zugänglich.

Eine traditionsreiche Bibliothek in eine digitale Zukunft zu führen, kann Ziel einer narrativen Reise sein.

Ziel dieses Buches ist es, Dich in die Lage zu versetzen, tragfähige Zukunftsstrategien und mobilisierende Zukunftsnarrative zu entwerfen: für Dich, Dein Team und Deine Organisation. Die Entwicklung von Zukunftsstrategien mündet in einen Nordstern. Damit gemeint ist jener eine Satz, der für Dich und die Zukunft Deiner Organisation über oder hinter allem anderen steht.

Deine Reise durch das Storyverse wird Dich zu verschiedenen allgemeinen Zukunftsfragen führen. Fragen zur Zukunft Deines Produktes, Deiner Dienstleistung oder Deines Anliegens. Dabei ist auch Platz für Spekulatives oder gar Absurdes – Hauptsache, Du lässt Dich auf die Offenheit der Zukunft ein und machst einen Schritt über die Notwendigkeiten der Gegenwart hinaus.

Was unser Modell von anderen unterscheidet, ist, dass mit Geschichten und narrativen Mustern gearbeitet wird. Deshalb wirst Du auf dieser Reise vor allem Stories sammeln, die innerhalb und außerhalb Deiner Organisation erzählt werden. Im Spiel mit diesen Geschichten wirst Du am Ende den Nordstern finden, der für Dich am Zukunftshorizont leuchtet.

Ziel dieses Buches ist es außerdem, dass Du am Ende Deiner Reise durch das Storyverse bei einer guten Geschichte ankommst – einem attraktiven Zukunftsnarrativ für Deine Organisation, Dein Produkt oder Dein Vorhaben. Einer Geschichte, die in einem Satz ausdrückt, was Dein konkreter Nordstern ist.

Eine gute Erzählung umfasst bereits die Strategie in der Nussschale: Vor ihrem Hintergrund lässt sich Wichtiges von Unwichtigem unterscheiden, lassen sich strategische Irrwege vermeiden und günstige Gelegenheiten erkennen.

Aber der beste Kompass hilft nichts, wenn man nicht weiß, wie man vom Fleck kommt. Daher geht es während dieser Reise auch darum, Deine Nordstern-Erzählung zum Leben zu erwecken, sie auf die wichtigsten Stakeholder zuzuschneiden und auf den geeigneten Kommunikationskanälen sowie in den relevanten Kommunikationssituationen auszuspielen.

Dein Logbuch für die Reise

Nutze das Narrative Sky-Modell

Ein Nordstern fällt nicht vom Himmel. Deshalb geht es bei Deiner Reise auch nicht darum, zuerst diesen einen Satz zu formulieren, sondern eine gute Geschichte aus vielen Aspekten zusammenzustellen. So ist es bei der Erzählung einer guten Geschichte üblich, nicht mit dem Kern anzufangen, sondern ihn sorgsam vorzubereiten, der Pointe eine Bühne zu bauen und zu allem Wichtigen auch viele ausschmückende Details zu erzählen. Am Ende steht eine gute Geschichte dennoch für eine Kernbotschaft.

Es geht im Folgenden darum, die Flut der Stories, die Dich und Dein Projekt umgeben, einzusortieren und miteinander in Verbindung zu bringen. Außerdem wirst Du abstrahieren, das heißt herauszoomen aus den verdichteten und möglicherweise kleinteiligen Geschichten. Es gilt für Dich, die entscheidenden narrativen Muster zu identifizieren, auf denen Deine gesammelten Stories basieren.

Das zentrale Werkzeug dafür ist das Narrative Sky-Modell. Denn während Du die neun Schritte der Storyverse Canvas durchläufst, justierst Du auch die Eckpfeiler Deiner Geschichte zur Zukunft neu. Am Ende Deiner Reise kommst Du schließlich beim Narrative Sky-Modell heraus und erhältst eine Art Logbuch, das alle wichtigen Ergebnisse Deiner Arbeit enthält.

Die Elemente des Narrativen Sky-Modells

Bausteine strategischer Planung

Im Zentrum des Narrativen Sky-Modells steht die **Home Base**. Denn den Weg in die Zukunft bahnst Du immer von Deiner gegenwärtigen Basis aus. Klar ist: Dort, wo Du herkommst und wo Du heute stehst, ist nicht die Zukunft. Umso wichtiger ist es, sie ins Visier zu nehmen.

Geschichten, die eine mögliche Zukunft beschreiben, können in unterschiedliche Kategorien fallen. Manches, was erzählt wird, betrifft grandiose und kühne Möglichkeiten, anderes etwas Bedrohliches oder gar Apokalyptisches. Manche Geschichten können einen lange begleiten und andere leuchten auf wie Sternschnuppen, brennen hell und sind wieder verschwunden.

Diese Stories, die Deine Organisation oder Dein Vorhaben für einen Moment zum Glänzen bringen und Deinem Narrativ Antrieb geben können, nennen wir **Sparks**, also Funken. Dazu gehören etwa aktuelle Debatten oder Events, die Gelegenheiten bieten, um Aspekte Deines Anliegens sichtbar zu machen. Solche Sparks sind wichtig, aber für eine langfristige Strategie sind sie zu vergänglich.

Andere Geschichten hingegen verbinden sich wie von selbst zu narrativen Konstellationen, die einen Spannungsraum darstellen und Dein Nordstern-Narrativ transportieren. Solche **Constellations** sorgen dafür, dass Dein Narrativ authentisch und glaubwürdig wird, statt den Eindruck von Beliebigkeit zu erwecken. Eine narrative Konstellation ist eine Auswahl an Narrativen, die Du in Deinem Storyverse hervorheben kannst.

Alle Wege führen zum Nordstern

Aus diesen Konstellationen heraus wird sich schließlich Dein **Nordstern** ergeben. Ein Narrativ, zu dem Du immer zurückkehren kannst, wenn die Dinge einmal unübersichtlich zu werden drohen.

Es gibt aber auch Geschichten, die Du in Deiner Kommunikation meiden solltest. Solche **Schwarzen Löcher** beschreiben wir, weil ihre Schwerkraft Deinen Weg in die Zukunft bremsen kann. Oder auch beschleunigen, denn aus negativer Energie kann viel Schwung für Dein Projekt entstehen, sofern Dir die perfekte Reaktion darauf einfällt. Solche strategischen Antworten auf Risiken sollten sorgfältig im Vorfeld bedacht werden.

Selbstverständlich wird nicht alles von Anfang an seinen Platz finden. Deshalb ist das Narrative Sky-Modell ein interaktives Tool. Es lässt sich ausdrucken oder auf einen großen Bogen Papier zeichnen, bekleben, beschreiben und verwerfen. Das Modell bündelt dabei das Ergebnis und die Storyverse Canvas beschreibt den Prozess, wie Du es erreichst.

Auf den nächsten Seiten haben wir das Narrative Sky-Modell grafisch dargestellt und mit Beispielen für die einzelnen Elemente anschaulich gemacht.

Die Elemente des Narrativen Sky-Modells

BLACK HOLES

[x] Schädliche Geschichten oder Narrative für Deine Organisation oder Dein Vorhaben

[x] Fallstricke für Deine Kommunikation

NORDSTERN

[x] Die Dich leitende Erzählung

[x] Die zentrale Transformationsgeschichte Deiner Organisation, die andere in ihren Bann zieht

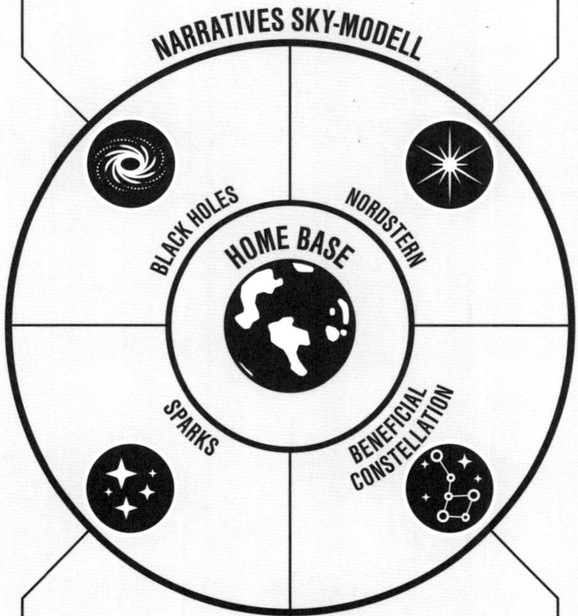

SPARKS

[x] Kurzfristige Chancen und aufleuchtende Gelegenheiten, die allerdings viel Energie freisetzen

[x] Jedoch meist nur von kurzer Dauer sind

HOME BASE

[x] Die Grundlage von der Du startest

[x] Von wo aus Du in die Zukunft schaust

BENEFICIAL CONSTELLATION

[x] Günstig für Deine Organisation

[x] Führt Dich idealerweise direkt zur Nordstern-Erzählung

Das Narrative Sky-Modell

Der Himmel über mir.
Meine Entdeckungsreise

A

Modell auf ein Poster zeichnen.

B

Poster an die Wand pinnen.

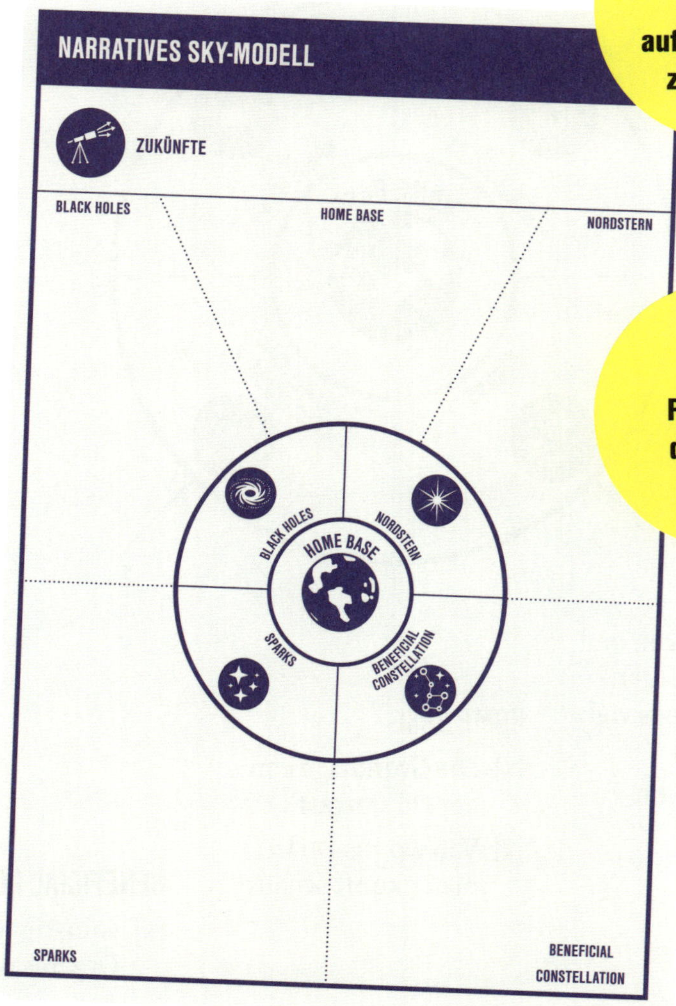

NARRATIVES SKY-MODELL

ZUKÜNFTE

Was ist die Zukunft von Wurst?

Wohin entwickelt sich die Marke Rügenwalder?

BLACK HOLES

Wurst könnte unmodern werden, zukunftslos

Fleischproduktion als Klimakiller

Greenwashing

Metzger als potenziell unmoderner Beruf

HOME BASE

Familienunternehmen aus der Region

innovativ und agil mit traditioneller Marke

Wurstspezialist, Fleischspezialist

NORDSTERN

Claim:
Wir bringen alle an einen Tisch.
Am besten schmeckt's, wenn es allen schmeckt.

C

Zukunfts-geschichten entwickeln.

SPARKS

Die Grüne Woche zeigt Zukunftsernährung

Solidarität in der Pandemie heißt lokale Geschäfte stützen

Veganuary als veganer Jahresstart

BENEFICIAL CONSTELLATION

Essen vermittelt den Menschen Gemeinschaft, gerade wenn es vielfältige Möglichkeiten gibt

Mit veganer Pionierlust

Für nachhaltigen Genuss

Regionale Handwerkskunst

Menschen Gemeinsamkeit vermitteln

Dein Flugplan der Reise

Jeder Explorer braucht einen Plan

Finde die Geschichten, die alles verändern – dazu fordert dieses Buches auf.

Doch wie kommen diese mobilisierenden Zukunftsgeschichten zustande? Schauen wir auf ein berühmtes Beispiel aus der Vergangenheit: Im Jahr 1955 prägte eine Gruppe Wissenschaftler rund um den Informatiker John McCarthy den Begriff «künstliche Intelligenz» und benannte damit das Narrativ für eine technologische Zukunft, die uns erst heute richtig in ihren Bann zieht. Kein Zufall, denn der Begriffsfindung vorausgegangen war ein zweimonatiger Workshop, den die Wissenschaftler durchgeführt hatten, um einen Förderantrag für dieses Wissenschaftsfeld zu formulieren.

Die Entwicklung guter Zukunftsgeschichten braucht also ihre Zeit. Die Arbeit mit diesem Buch soll Dich effizient zu ihnen führen. Dies erfordert nicht unbedingt einen Zeitraum von zwei Monaten, wie bei McCarthy und Co., aber sie wird vermutlich nicht in zwei Stunden zu leisten sein, wenn Du zu einem überzeugenden Ergebnis gelangen willst.

Gleichzeitig steht das beschriebene Beispiel dafür, dass die Arbeit an einer Zukunftsgeschichte Hand in Hand mit substanziellen Transformationsgeschichten gehen muss. Ohne ihre informationstechnische Idee hätte die Gruppe um McCarthy keinen Begriff, keine Geschichte, kein Narrativ wie künstliche Intelligenz entwickeln können. Und ohne die vom Narrativ inspirierte Idee, auf die Metapher der menschlichen Intelligenz zurückzugreifen, wäre vermutlich auch die technische Umsetzung nicht entstanden.

Der Reiz des Narrativs der künstlichen Intelligenz liegt also in der Verknüpfung von zwei Begriffen, die sich im eigentlichen Sinne widersprechen.

Deine Reise durch dieses Buch orientiert sich an den neun Schritten des Storyverse Canvas. Ziel ist es, eine tragfähige Zukunftsstrategie und ein passendes Narrativ zu entwickeln. Die neun Schritte gliedern sich in eine Vorbereitungsphase, eine Strategiephase und eine Aktivierungsphase.

In der Vorbereitungsphase klärst Du zunächst, wo Du stehst. Dann sammelst Du Geschichten als Grundstoff für die Strategiephase. Darin gilt es, Deine gesammelten Geschichten zu Narrativen zu veredeln und damit anschlussfähig zu machen.

Ein Beispiel findet sich in der US-amerikanischen Politik: Der 44. Präsident der USA, Barack Hussein Obama, repräsentiert eine grandiose Geschichte: «Yes, we can!» ist ein glaubhafter Claim, schließlich hat es Obama als erster Afroamerikaner ins Weiße Haus geschafft. Seine Lebensgeschichte verkörpert also auch das Narrativ des amerikanischen Traums.

Vielleicht geht es Dir erst einmal darum, Klarheit über Dein Storyverse zu schaffen, mit dem Du strategisch arbeiten willst. Aber ganz gleich, welches Ziel Deine Zukunftsstrategie anpeilen wird: Es ist essenziell, die vielversprechenden von den schädlichen Narrativen unterscheiden zu können, um zu wissen, auf welche Zukunftserzählung Du bauen kannst. Dabei hilft Dir das Kernwerkzeug der Strategiephase: das Narrative Sky-Modell.

In der Aktivierungsphase überprüfst Du das Nordstern-Narrativ auf seine Anwendbarkeit in unterschiedlichen Spielfeldern, bezogen auf Stakeholder und Zielgruppen und auf Formate und Kommunikationskanäle. Denn strategische Zukunftspläne sind nur so gut wie ihre Vermittelbarkeit.

Du musst die neun Schritte der Storyverse Canvas nicht zwingend chronologisch gehen. Du kannst auch variabel in den Prozess einsteigen. Wo Du beginnst und aufhörst, ist Dir überlassen. Das heißt: Deinen Weg durch die neun Schritte wählst Du selbst. (Aber plane Deine Reise durch dieses Buch trotzdem sorgfältig.) Und überlege, mit wem oder mit welchem Team Du den Weg zur Zukunftsstrategie gehen willst.

Die vollständige Storyverse Canvas mit ihren neun Schritten wird auf den kommenden Seiten erläutert.

In der **Vorbereitungsphase** geht es darum, den Prozess richtig aufzusetzen. Wo steht Deine Organisation in dem Moment, in dem Du dieses Buch liest? Ausgehend von dieser Home Base, kannst Du den Blick auf die Zukünfte ausrichten: Was sind die Herausforderungen, die sich aus dieser Lage ergeben? Welche Aufgaben kommen bei der strategischen Zukunftsentwicklung auf Dich zu? Vor allem aber: Welche konkrete Zukunft soll untersucht werden? Geht es um eine Transformation? Einen Neubeginn? Einen geschickten Richtungswechsel? Oder darum, Altbewährtes fit zu machen für die Zukunft? Hast Du Dich damit beschäftigt, kannst Du Dich ans Sammeln von Geschichten machen. Sie sind der Stoff für Deine Narrative Strategie.

Die **Strategiephase** verlangt einen freien, offenen Geist von Dir! Es geht darum, systematisch kreatives Potenzial zu entfalten und die gesammelten Geschichten zu sortieren, zu gewichten, in eine Reihenfolge zu bringen – und vor allem, die narrativen Muster zu erkennen, die sich hinter ihnen verbergen. Erlaube Dir bei den Übungen gerne, übers Ziel hinauszuschießen und Deinen Assoziationen nachzugehen. Gerne darfst Du Teile dieses Prozesses auch mehrmals wiederholen. Du wirst merken, ob Du auf dem richtigen Weg zum Nordstern bist, wenn die Dinge anfangen, sich wie von selbst zu erzählen.

Sobald Du in der **Aktivierungsphase** einen Nordstern für Deine Zukunftsgeschichte gefunden hast, plane, ihn auch geschickt zu aktivieren. Lerne, mit der Aktivierungsmatrix Deine Strategie zielgerichtet auszuspielen. Lege die Spielfelder fest, auf denen Deine Geschichte wirken soll, und entwickle passgenaue Formate, um Deine Kommunikation zu aktivieren, Zielgruppen und Stakeholder zu erreichen und die richtigen Kanäle für Deine Botschaft zu finden.

Über eine narrative Strategie zu verfügen, ist genauso wichtig, wie das dazugehörige erfolgreiche Business-Modell zu haben. Apropos: Vielleicht entdeckst Du bei Deiner Arbeit mit der Storyverse Canvas nicht nur neue Möglichkeiten, Dich kommunikativ und strategisch auszurichten – sondern sogar ein ganz neues Geschäftsmodell. Wie Du siehst, ist alles möglich! Denn auf jeder Reise kann Unerwartetes geschehen.

Und jetzt geht's richtig los!

Die Storyverse Canvas®

VORBEREITUNGSPHASE			STRATEGIEENTWICKLUNGSPHASE	
01	02	03	04	05
HOME BASE KLÄREN	**ZUKÜNFTE AUSRICHTEN**	**GESCHICHTEN SAMMELN**	**NARRATIVE ENTWICKELN**	**SPARKS ENTDECKEN**
Wo stehst Du heute und aus welcher Situation heraus soll eine Zukunftsgeschichte entwickelt werden?	Um wessen Zukunft geht es eigentlich und in welche Richtung soll es gehen?	Sammle und mache explizit, was bereits erzählt wird. Dazu gehören auch Erzählungen über die Vergangenheit.	Entdecke die Muster in den Geschichten und benenne sie klar.	Finde Gelegenheiten, dein Projekt zum Leuchten zu bringen.

PLANUNG DER ARBEITSSCHRITTE, TIMING UND TEAM

Neun Schritte für die Entwicklung von Zukunftsstrategien

STRATEGIEENTWICKLUNGSPHASE			AKTIVIERUNGSPHASE
06	07	08	09
BLACK HOLES BEGEGNEN	**KONSTELLATION BAUEN**	**NORDSTERN FOKUSSIEREN**	**UMLAUFBAHN PLANEN**
Schätze Risiken ein und bereite Dich strategisch vor, um Unerwünschtes zu verhindern.	Finde drei bis fünf Narative, die Ordnung in dein Vorhaben bringen und dir die Bühne für deine Zukunft bieten.	Entwickle das Leitnarrativ, das für die Transformation entscheidend ist.	Lege Spielferlder fest, benenne Adressat:innen und aktiviere Deine Kommunikation.

PLANUNG DER ARBEITSSCHRITTE, TIMING UND TEAM

A Mach Dir einen Arbeitsplan in neun Schritten.

B Nutze die Tools in diesem Buch.

C Nimm Dir einige Tage oder Wochen Zeit, es geht um die Zukunft.

D Arbeite agil mit einem kleinen, diversen Team daran.

Arbeiten mit der Storyverse Canvas

Flexibel reisen

Der Startpunkt Deiner Reise durch die neun Schritte der Storyverse Canvas kann gerne variieren – und zwar je nach «Typ» und nach Herausforderung oder Deiner Problemlage, die Du zu lösen versuchst. Du kannst auch unterschiedliche Schwerpunkte setzen bei Deiner Arbeit mit der Canvas – abhängig von Deinen Stärken und Fähigkeiten.

So könnt Ihr Vorgehen als…

Systematiker:innen

Mach es wie vorgeschlagen: Gehe einfach einen Schritt nach dem anderen – beginnend bei Schritt 01.

Intuitive

Beginne mit dem Schritt, der sich für Dich intuitiv richtig anfühlt! Für viele ist das die Geschichtensammlung (Schritt 03).

Ideenentwickler:innen

Hast Du bereits eine faszinierende Idee vor Augen für Deine Zukunftsstrategie oder möchtest Du weitere entdecken? Nutze die Storyverse Canvas und die neun Schritte, um frei zu drehen und um Deine Idee(n) weiter zu erkunden.

Textfreudige

Dir liegt das Texten? Lege Deine Arbeitsschwerpunkte auf die Ausformulierung der Konstellation als Manifest (Schritt 07) und auf das verdichtete Statement, das Deinem Nordstern Auftrieb gibt (Schritt 08).

Pessimist:innen

Gehörst Du zu denen, die bei Zukunftsstrategien gleich mögliche Shitstorms, Katastrophen und schädliche Narrative antizipieren? Dann fange gleich mit den Black Holes an (Schritt 06). Und exploriere diese, bevor Du die anderen Schritte durchläufst.

Moderator:innen

Dir liegt es, Widerstände aufzudecken und zwischen Widersprüchen zu vermitteln. Du scheust auch nicht davor zurück, den «Elefanten im Raum» zu adressieren.

Nutze Deine Charaktereigenschaft produktiv, während Du das Storyverse Canvas durcharbeitest. Doch ganz gleich, von wo Du startest: Durchlaufe anschließend die übrigen Schritte systematisch.

Storyverse Journey

Entwickle die Geschichten, die alles verändern

Schritt 01
Home Base klären

Von wo startest Du, um eine Zukunftsstrategie zu entwickeln?

Der erste Schritt beginnt damit, herauszuzoomen, um von dieser Position aus das Eigene kritisch, aber mit Optimismus zu betrachten.

Woher kommst Du? Du kannst Geschichten am glaubwürdigsten erzählen, die auch etwas mit Dir selbst zu tun haben, in denen andere Dich wiedererkennen und die deshalb einladend für Außenstehende sind. Glaubwürdigkeit beruht auf Authentizität. Deshalb kläre, wo Du heute stehst und wie Du dahin gekommen bist. Vor allem aber ist es wichtig, die Herausforderungen zu kennen, die es aktuell gibt. Welche Konflikte existieren und welche Widersprüche?

Niemand bricht grundlos in irgendeine Zukunft auf; und niemand wird irgendwo ankommen, wenn er nicht weiß, was der Zweck seiner Reise ist.

Dazu gehören Deine Werte und Handlungsgrundsätze, aber auch Deine Stärken und Potenziale. Vielleicht ergeben sich schon hieraus Konflikte, Reibungen oder lose Enden, die nach einer Strategie verlangen und alles in einem stimmigen Narrativ vereinen.

Umsatz, Wettbewerb, gesellschaftlicher und technologischer Wandel. Jeden Tag eine neue Challenge!

Wahrscheinlicher ist jedoch, dass Du vor ganz konkreten Herausforderungen stehst, auf die Du eine Antwort brauchst. Vielleicht stimmen die Umsätze Deines Unternehmens nicht mehr, vielleicht bemerkst Du, wie die Konkurrenz immer näher rückt. Vielleicht gibt es aber auch neue Technologien, die Chancen und Risiken für Deine Branche bereithalten. Oder es ändern sich die Gewohnheiten in der Gesellschaft. Dann gibt es auch noch Megathemen wie Klimawandel, Fachkräftemangel, Rohstoffknappheit und andere Krisen, auf die jede:r eine strategische Antwort finden muss.

Hier ist Deine Home Base. Dein Ausgangspunkt, die Basis Deiner Organisation mit ihren Stärken und Schwächen.

Trage deshalb zuerst den Namen Deiner Organisation ein, für die eine Zukunftsstrategie erarbeitet werden soll.

In diesem Schritt geht es um die Werte und Grundsätze, nach denen Du handelst. Denn mit ihnen muss jedes Narrativ im Einklang stehen, sonst wird es unglaubwürdig. Sammle Deine Werte und Maxime und notiere sie auf der Home Base. Vielleicht bemerkst Du hier schon Diskrepanzen oder Unklarheiten, die Du mithilfe der Narrativen Strategie lösen kannst?

Die Home Base bildet aber auch Deine Stärken und Potenziale ab. Sie sind das Rüstzeug für die Zukunft. Was hat sich in der Krise bewährt? Welche Kompetenzen vereinen sie? Sammle und diskutiere die Potenziale und notiere sie auf der Home Base.

Richte jetzt Deinen Blick nach außen: Welche Herausforderungen bestimmen die Gegenwart Deiner Branche? Was fordert gerade Deine ganze Aufmerksamkeit? Nimm Dir Zeit für Reflexion und Diskussion und notiere die wichtigsten aktuellen Herausforderungen.

Versuche, Deine aktuelle Gegenwart in einem Satz zu einem Narrativ zu verdichten.

Was ich unter Narrativen verstehe, habe ich im Grundlagenteil erläutert, aber Du wirst es auch anhand der Beispiele, die ich anbiete, verstehen können. Für ein erstes Beispiel einer ausgefüllten Home Base gehe einfach auf die nächste Seite.

01 DEINE HOME BASE KLÄREN

WIE HEISST DIE ORGANISATION / DAS UNTERNEHMEN / DIE INITIATIVE,
für die eine Zukunftsgeschichte entwickelt werden soll?

Wo stehst Du, was sind die **STÄRKEN** Deiner Organisation?

Was sind die **WERTE** Deiner Organisation?

HOME BASE KLÄREN

... und welche **HERAUSFORDERUNGEN** fordern sie?

In einem Satz, welches **NARRATIV** schildert die Ausgangssituation, von der aus in die Zukunft geschaut werden soll?

Um Dir ein Beispiel zu geben, habe ich versuchsweise die Home Base so ausgefüllt, als wäre ich Teil der grünen Parteispitze. Eine Gedankenübung, die natürlich keinen Anspruch auf historische Korrektheit erhebt.

Auf ihrer Homepage schreiben die GRÜNEN über sich Folgendes:

Wie könnte man das Home-Base-Narrativ der GRÜNEN in einem Satz verdichten? Unten habe ich dir meinen Vorschlag unterbreitet. Es geht natürlich auch anders! Vielleicht hast Du eine bessere Idee? Es gibt viele richtige Versionen eines Narrativs!

«Politik ist, sich zusammenzutun und für eine bessere Zukunft einzustehen. Als Partei eint uns als Wertefundament eine geteilte Grundhaltung zu der Welt, wie sie ist und wie sie sein könnte. Ein Leben in Würde und Freiheit zu ermöglichen, heute wie übermorgen, überall auf diesem Planeten, den wir gemeinsam bewohnen, ist unser Ziel. So vielfältig wir selbst sind, so offen sind unsere Arme mitzumachen, Bündnisse zu schmieden. Wir haben uns zusammengeschlossen, weil wir darauf vertrauen, dass unsere Politik den Unterschied machen kann.»

Beispiel

01 DEINE HOME BASE KLÄREN

WIE HEISST DIE ORGANISATION / DAS UNTERNEHMEN, DIE INITIATIVE
für das eine Zukunftsgeschichte entwickelt werden soll?

Bündnis 90 / Die Grünen

Wo stehst Du, was sind die **STÄRKEN** Deiner Organisation?

Sich zusammentun

Ökologie

Pragmatismus

Was sind die **WERTE** Deiner Organisation?

Pluralität

Würde und Freiheit

Planetare Sicht

HOME BASE KLÄREN

... und welche **HERAUSFORDERUNGEN** fordern sie?

Opposition endlich verlassen

Klimawandel verschärft sich

Unsicherheit nach 16 Jahren Merkel

In einem Satz, welches **NARRATIV** schildert die Ausgangssituation, von der aus in die Zukunft geschaut werden soll?

«In einer Zeit, in der man sich immer mehr zusammentun muss, macht grüne Politik aufgrund ihrer Pluralität und ihrer Werte den Unterschied für einen Planeten, der allen ein Leben in Würde und Freiheit ermöglicht.»

Schritt 02
Zukünfte ausrichten

Finde einen Fokus auf die Zukunft

Du kennst jetzt Deine Home Base und weißt genau, von wo Du startest, um neue Zukunftsstrategien zu finden. Im zweiten Schritt geht es darum, mit welcher Zukunftsperspektive Du diesen Entwicklungsprozess durchlaufen möchtest.

«Zukunft?!» Woran denkst Du intuitiv, wenn dieses Wort fällt? Vielleicht tauchen in Deinem Kopf Bilder von autonom fahrenden E-Autos oder von Zukünften auf, die weit entfernt scheinen, etwa die Besiedelung des Mars?

Die «Zukunft» ist kein unbeschriebenes Blatt. Stattdessen kursieren populäre Erzählungen und Bilder über die Zukunft, die immer wieder weitergetragen und reproduziert werden. Und oft fällt es schwer, Zukünfte zu entwickeln, die von den dominanten Zukunftsbildern abweichen.

Warum erzähle ich das? Weil ich davon ausgehe, dass auch in Deiner Organisation eindeutige Vorstellungen über die Zukunft existieren, die den strategischen Handlungsspielraum in gewisser Weise determinieren oder einschränken. Diese Vorstellungen der Zukunft können offensichtlich oder sehr unterschwellig sein. Nicht selten erweisen sie sich als mentale Barrieren, die Dich daran hindern, andere Zukünfte zu erkunden und auf vielleicht bessere Zukünfte hinzuarbeiten.

Oft sind die im Unternehmen kursierenden Vorstellungen von Zukunft auch mit Zielen verbunden, die greifbar und messbar sind. So weit, so gut. Ich glaube aber, dass gute Zukunftsstrategien mutig und optimistisch sind und auch fiktionale Elemente oder Ziele ansteuern, die außerhalb des unmittelbar Erreichbaren liegen.

Deshalb diese Übung. Sie versteht sich als eine Art «Warm up» für Deine Reise durch das Storyverse.

Beim Blick in die Zukunft ist alles erlaubt!

Anders als die prognostischen Werkzeuge der empirischen Zukunftsforschung oder die des Risikomanagements, welche versuchen, die Zukunft einzuhegen und kontrollierbar zu machen, ist die Spekulation eine Erkundung von möglichen, unwahrscheinlichen und sogar utopischen Zukünften, die vielleicht niemals eintreten, aber einen fiktiven Raum öffnen, der es erlaubt, Neues zu denken.

Nehmen wir an, Du führst ein Automobilunternehmen. Dann wirst Du Dich einerseits mit Prognosen über Absatzmärkte und andererseits mit in Zahlen darstellbaren Vorhersagen beschäftigen. Geht es um die Zukunft Deines Sektors, kursieren wahrscheinlich relativ naheliegende Fragen, zum Beispiel, welche absehbaren technologischen Neuerungen es für das Automobil geben wird, bis hin zu abstrakten Fragen wie: Wird es den Individualverkehr künftig überhaupt noch geben? Werden Menschen nach wie vor Autos besitzen oder setzen sich Car-Sharing-Modelle auf breiter Ebene durch? Oder was heißt eigentlich «Transport» in 150 Jahren? Was wird es bedeuten, mobil zu sein?

Auseinandersetzungen mit diesen Fragen können Dich anregen, entweder das Auto der Zukunft zu entwickeln, das vielleicht von selbst fahren, emissionsfrei und neue Formen des Komforts bieten wird. Oder Du kannst noch weiter und wagemutiger in die Zukunft schauen und Dir überlegen, ob die Zukunft der Mobilität vielleicht weniger in den Fahrzeugen liegt als vielmehr in den Betriebssystemen, die den autonomen Verkehr in einer Stadt regulieren. Vielleicht zeichnet sich dadurch für Dich und Dein Unternehmen ein aufregendes Zukunfts- und Transformationsnarrativ ab: vom Fahrzeughersteller zum Mobility-IT-Giganten?

Die Zukunft? Die Zukünfte!

Da es nie nur «die eine» Zukunft gibt, ist es entscheidend, die Vielzahl an Zukünften – und ihre Erzählungen – im Blick zu behalten, die einen Gegenstand oder eine Organisation umgeben. Dabei gibt es verschiedene Möglichkeiten, eine Zukunft zu betrachten.

Schauen wir auf den Norden Deutschlands und die Insel Sylt. Was wird die Zukunft von Sylt sein? Wenn man untersuchen will, welche Zukunft der Tourismus auf der Insel hat oder haben könnte, gilt es, verschiedene Blickrichtungen einzunehmen. Zum Beispiel könnte man sich zunächst auf die verschiedenen Zielgruppen fokussieren, die unterschiedliche Erwartungen an die Zukunft haben.

Für Sylt wären das zwei Gruppen, die miteinander in wechselseitiger Beziehung stehen: Insulaner:innen und Tourist:innen. Es ist zu vermuten, dass der künftige Tourismus auf dieser wohlhabenden Insel, auf der die meisten Häuser nicht den gebürtigen Insulaner:innen gehören, nur gelingen kann, wenn die Insulaner:innen, also die Menschen, die den Tourismus heute betreiben, dies auch morgen tun wollen.

Auch der Blick in die Vergangenheit gibt Auskunft über mögliche Zukünfte der Insel: Sylt wurde immer wieder durch eine Kultur des Jetsets geprägt und beeinflusst. Vor diesem Hintergrund stellt sich die Frage, wie sich der Luxus und das «Premiumreisen» in Zukunft überhaupt entwickeln werden – während Urlaub zu Hause in Deutschland immer beliebter wird.

Eine andere Perspektive wäre die ökologische. Sie geht mit der Frage einher, wie sich die Inselnatur angesichts des Klimawandels verändern wird.

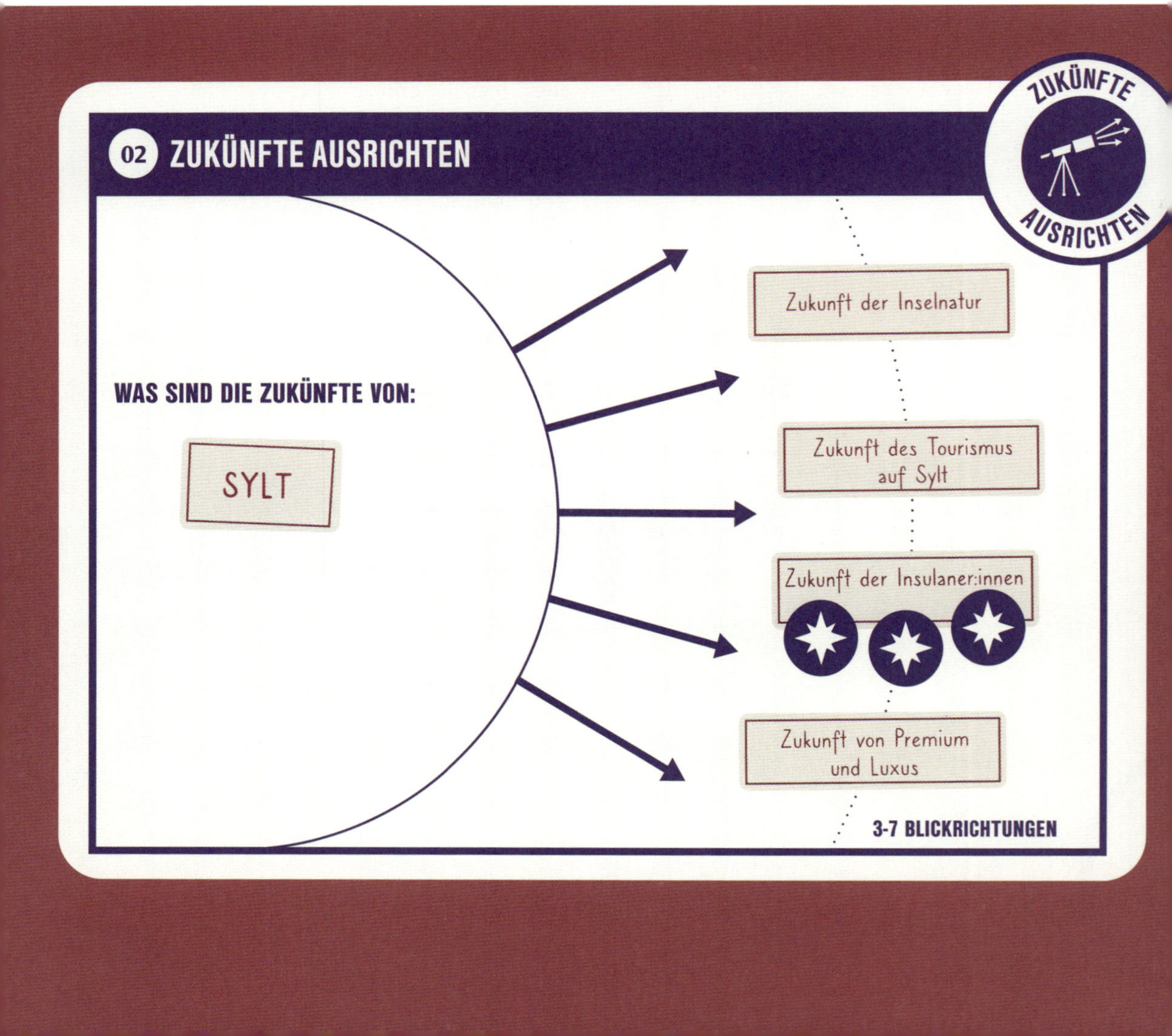

Jetzt bist Du dran. In dieser Übung öffnest Du deinen Blick für die Zukünfte, die Dich umgeben. Verschaffe dir Orientierung. Sammle Zukünfte und Zukunftsfelder, die für Deine Organisation vor dem Hintergrund des gesellschaftlichen, technologischen oder wirtschaftlichen Wandels entscheidend sind. Schreibe sie in die Karte.

Nächster Schritt. Ein gutes Nordstern-Narrativ entsteht vor dem Horizont konkreter Zukünfte. Deshalb geht es nun darum, auf eine konkrete Zukunft zu fokussieren. Unter dem Brennglas der ausgewählten Zukunft wirst Du im Folgenden das Storyverse Deiner Organisation erkunden und die Geschichte finden, die alles verändert. Priorisiere eine konkrete Zukunft.

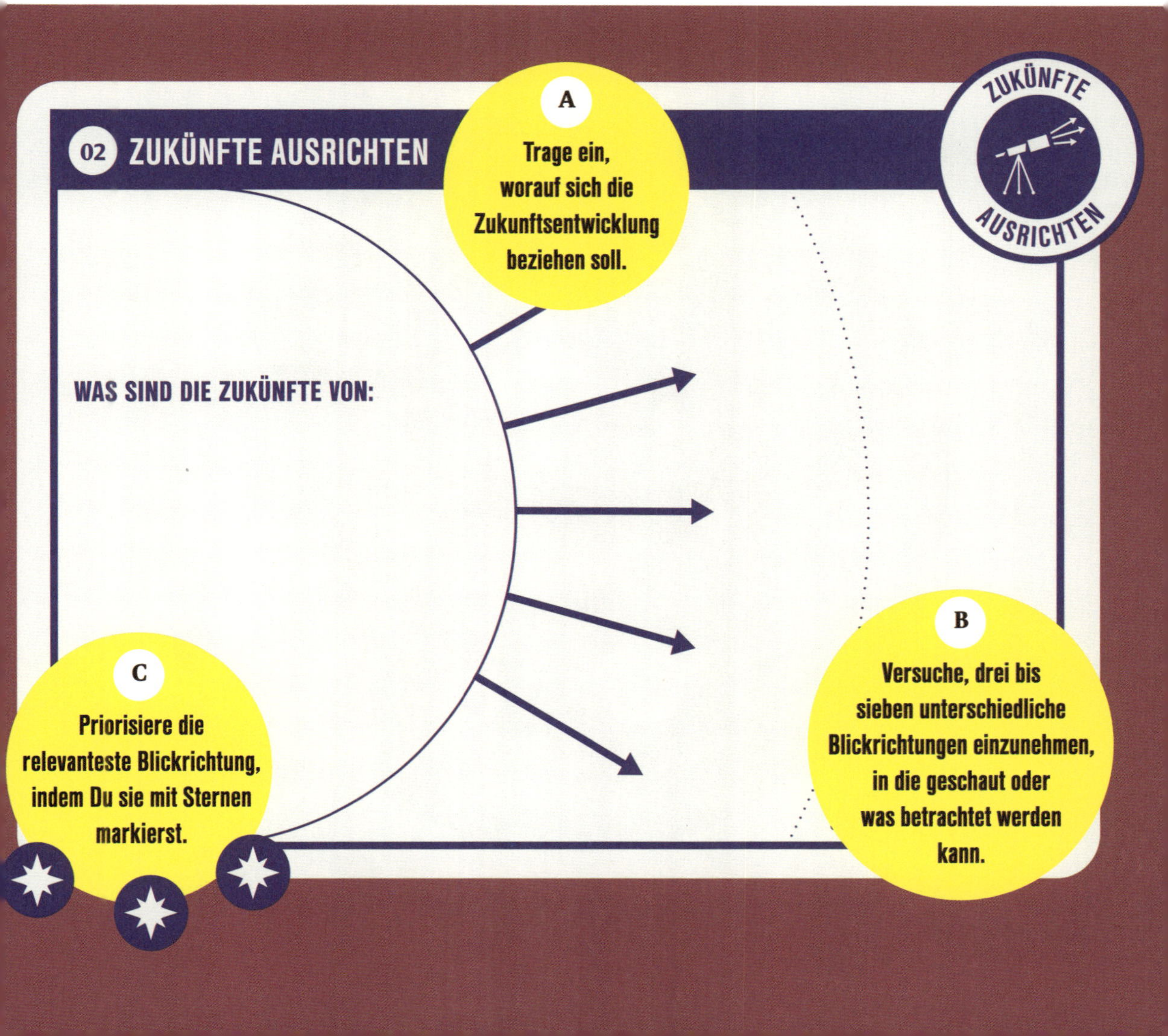

Schritt 03
Geschichten sammeln

Verschaffe Dir einen Überblick über den Erzählkosmos Deiner Organisation

Jetzt geht es darum, Geschichten von und über Deine Organisation aus der Gegenwart, der Vergangenheit und der Zukunft zu sammeln.

Es gibt unterschiedliche Blickwinkel, aus denen Stories über eine Organisation oder eine Sache erzählt werden. Um Orientierung im eigenen Erzählkosmos zu erlangen, ist es wesentlich, diese unterschiedlichen Erzählstimmen zu erschließen und dafür mehrere Perspektiven einzunehmen. Sonst besteht die Gefahr, nur im Vertrauten zu verbleiben. Unterschiedliche Perspektiven hingegen bringen Dissonanzen und Widersprüche ans Tageslicht. Es geht hier nicht um Harmonie, sondern um Vielseitigkeit.

Eine andere Methode, um über den strategischen Tellerrand hinauszublicken, ist es, in die Vergangenheit und in die Zukunft zu schauen. Von welcher Bedeutung dies für Strategieteams ist, konnten Wissenschaftlerinnen aus den USA zeigen (Kaplan & Orlikowski, 2014). Das Ergebnis: Je mehr Arbeit Unternehmen in die Entwicklung strategischer Narrative investierten, die Vergangenheit, Gegenwart und Zukunft miteinander verknüpften, desto eher waren sie in der Lage, Strategien zu entwickeln, die sich deutlich vom Status quo unterschieden – um wirklich Neues zu entwickeln.

Früher war alles anders. Heute ist alles anders. Morgen wird alles anders sein.

Wie Du am besten Stories sammelst

Wir bieten Dir dazu eine Methode an, die recht einfach ist und erfahrungsgemäß nicht viel Zeit benötigt. Sie fordert Dich heraus, auch andere Perspektiven als Deine eigene einzunehmen.

Achte beim Geschichtensammeln darauf, nicht nur einzelne Wörter aufzuschreiben. Ein Wort macht meist noch keine Geschichte. Jedoch lassen sich Geschichten schon mit wenigen Worten skizzieren: Das Land, in dem Milch und Honig fließen, ist beispielsweise die biblische Vision vom gelobten Land. Manche Narrative sind schon fast zu Redewendungen geworden, andere warten noch darauf, von Dir formuliert zu werden.

Im Folgenden geht es darum, vier Arten von Stories zu sammeln: Geschichten, die wir über uns selbst erzählen, Geschichten, die andere über uns erzählen, sowie Geschichten über die Vergangenheit und die Zukunft.

Natürlich sind diese Kategorien nicht trennscharf. Vieles, was Du findest, könnte in mehrere oder vielleicht sogar in alle Kategorien fallen. Aber das macht nichts. Im Gegenteil, solche Überschneidungen können sehr aufschlussreich sein: Werden über Deine Organisation von anderen vielleicht nur Geschichten aus der Vergangenheit erzählt, gegen die Deine Geschichten über die Zukunft nicht ankommen? Zwischen welchen Kategorien gibt es die krassesten Widersprüche? Wo eindeutige Resonanzen?

Denk daran: Es geht nicht nur ums mechanische Sammeln von Anekdoten.

Diskutiere und hinterfrage die Geschichten, während Du sie sammelst, mit Deinem Team oder Deinen Freunden.

Geschichten von uns und über uns

Stories of us

In jeder Organisation erzählt man sich Geschichten über sich selbst. Darunter fällt Tratsch über den Vorgesetzten, die Chefin, oder auch Gründerstories, sowie sorgenvolle Geschichten über sich ankündigende Herausforderungen und mögliche Krisen, die vielleicht nur hinter vorgehaltener Hand erzählt werden.

Jetzt gilt es möglichst vielseitig die Geschichten über sich selbst, die eigene Organisation oder das eigene Unternehmen zu sammeln und aufzuschreiben. Erzählen sich alle dasselbe? Oder gibt es grundlegende Diskrepanzen? Die Arten von Geschichten können und dürfen sich unterscheiden: Anekdoten, Geschichten über die eigene Organisationsprogrammatik, Stories über Visionen, Erzählungen über Versagen und Scheitern, gegenwärtige Shitstorms oder Geschichten über das eigene Selbstverständnis. Alles kann dabei sein. Stelle Dir auch ganz naive Fragen zu Deinem Produkt oder Angebot. Zum Beispiel: Was ist eigentlich ... Milch? Und was erzählen sich Menschen darüber?

Stories about us

Der Grundstoff des Storyverse sind Geschichten. Nicht nur die, die Du selbst erzählst, sondern auch die, die über Dich und Deine Organisation erzählt werden – die sich also andere über Dich erzählen. Dazu gehören treue, aber auch kritische Kunden, Geschäftspartner:innen, Konkurrenten oder die breite Öffentlichkeit. Versetze Dich in die Lage dieser Personen und stelle Dir ihre Meinungen, Gedanken und Perspektiven zur Organisation vor. Ihre Stories werden transportiert in Glaubenssätzen, Urteilen, aber auch in den Anekdoten, die sie sich über Deine Organisation und ihre Menschen oder Produkte erzählen.

Stories sammeln heißt auch, auf gute und schlechte Bewertungen zu stoßen. Keine Angst, beide helfen Dir weiter.

03

GESCHICHTEN SAMMELN

- A Stories «of us»
- B Stories «about us»
- C Stories aus der Vergangenheit
- D Stories über die Zukunft
- E Überschriften finden
- F Überschriften priorisieren
- G Überschriften zu Narrativen

Am Beispiel MILCH

A

Schreibe so viele Stories **«of us»** wie möglich auf Post-its einer Farbe und sortiere sie in den inneren Kreis, nahe an Deiner Home Base.

Milch kann sich in vieles verwandeln: Käse, Sahne, Butter ...

B

Sammele dann auf dieselbe Weise Stories **«about us»** auf andersfarbigen Post-its und klebe sie in den äußeren Kreis.

Butterberge und Milchseen aufgrund von Subventionspolitik

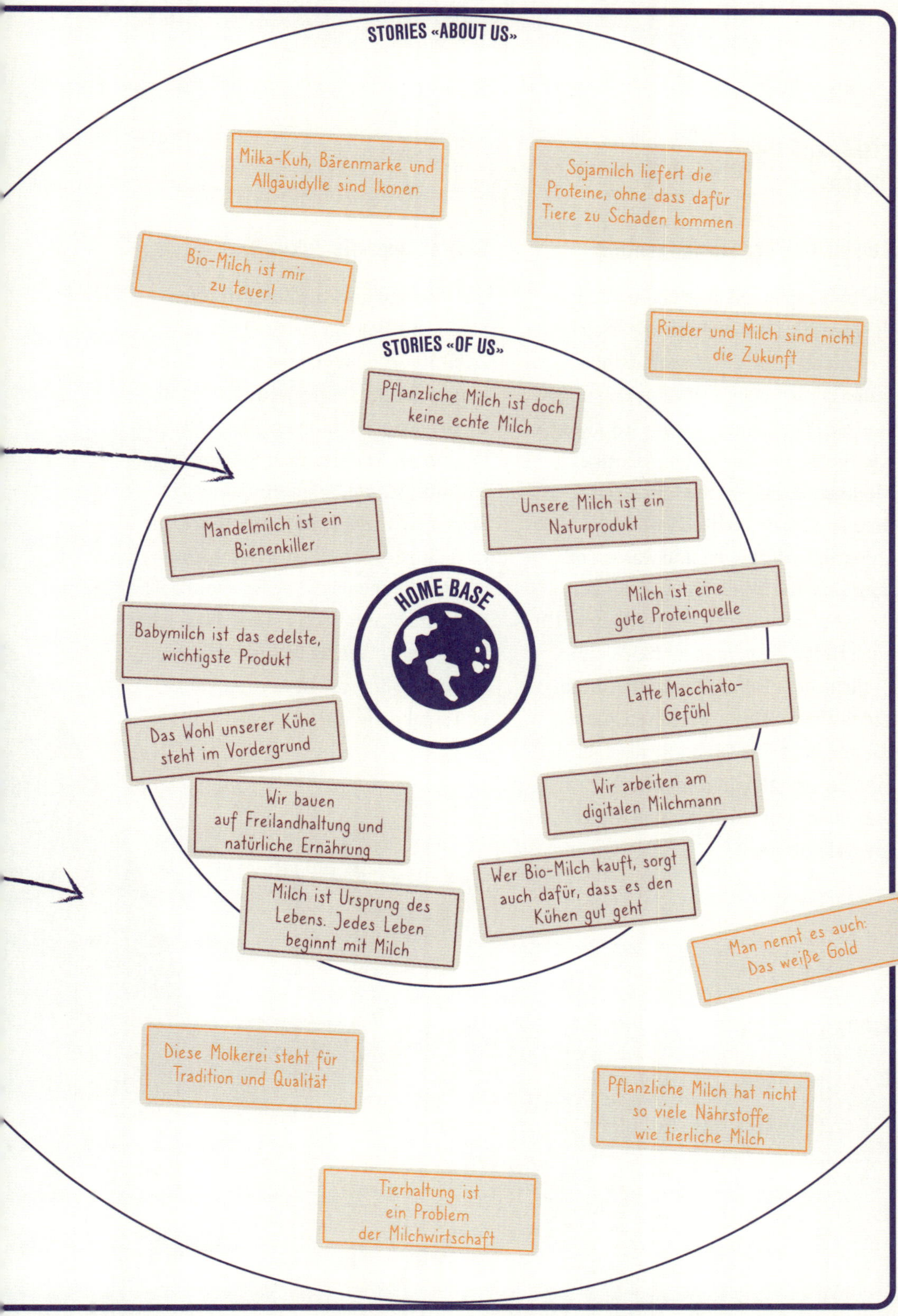
STORIES «ABOUT US»
Milka-Kuh, Bärenmarke und Allgäuidylle sind Ikonen
Sojamilch liefert die Proteine, ohne dass dafür Tiere zu Schaden kommen
Bio-Milch ist mir zu teuer!
Rinder und Milch sind nicht die Zukunft
STORIES «OF US»
Pflanzliche Milch ist doch keine echte Milch
Mandelmilch ist ein Bienenkiller
Unsere Milch ist ein Naturprodukt
HOME BASE
Milch ist eine gute Proteinquelle
Babymilch ist das edelste, wichtigste Produkt
Latte Macchiato-Gefühl
Das Wohl unserer Kühe steht im Vordergrund
Wir bauen auf Freilandhaltung und natürliche Ernährung
Wir arbeiten am digitalen Milchmann
Wer Bio-Milch kauft, sorgt auch dafür, dass es den Kühen gut geht
Milch ist Ursprung des Lebens. Jedes Leben beginnt mit Milch
Man nennt es auch: Das weiße Gold
Diese Molkerei steht für Tradition und Qualität
Pflanzliche Milch hat nicht so viele Nährstoffe wie tierliche Milch
Tierhaltung ist ein Problem der Milchwirtschaft

Stories auf der Timeline

Stories aus der Vergangenheit

Die Vergangenheit spielt beim Blick in die Zukunft immer eine Rolle. Welche Geschichten aus der Vergangenheit fallen Dir in Bezug auf Deine Organisation ein? Du kannst hier an Gründungsgeschichten, erste Erfolge, wichtige Meilensteine oder schwierige Zeiten denken. Gab es Relaunches oder Umstrukturierungen und was erzählt man sich von ihnen und von der Zeit davor? Wenn es sich anbietet, kannst Du auch tief in die Vergangenheit Deiner Branche oder Deines Produkts eintauchen: Wie wurde bei den alten Römern das gemacht, was Du heute machst? Sind die Prinzipien immer noch dieselben oder haben sie sich fundamental geändert?

Stories über die Zukunft

Geschichten über die Zukunft offenbaren, mit welcher Haltung wir der Zukunft gegenüberstehen. Was könnte man sich über Deine Organisation in 10, 50 oder 300 Jahren erzählen? Welche Prognosen, Erwartungen, Sorgen, Ängste, Hoffnungen werden darin geäußert? Sind diese Geschichten eure Geschichten («Stories of us») oder Geschichten anderer über euch («Stories about us»)? Was wird sicher noch so sein? Was sicher nicht mehr? Welche Technologien werden Deine Branche in welcher Weise neu strukturieren?

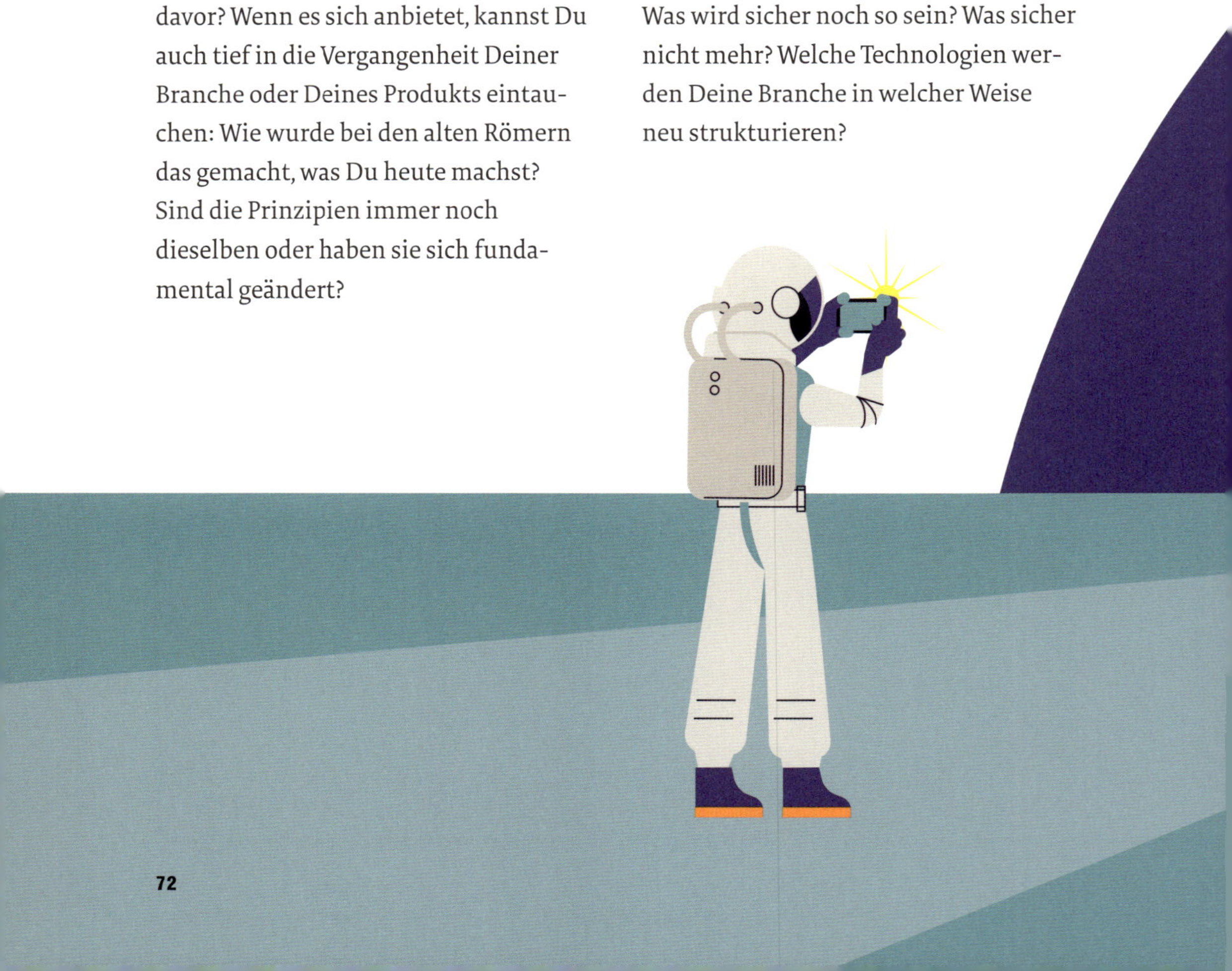

03

GESCHICHTEN SAMMELN

A Stories «of us»

B Stories «about us»

C Stories aus der Vergangenheit

D Stories über die Zukunft

E Überschriften finden

F Überschriften priorisieren

G Überschriften zu Narrativen

Am Beispiel MILCH

C

Schreibe so viele Stories aus der Vergangenheit wie möglich auf Post-its einer Farbe und sortiere sie auf Höhe der Timeline.

D

Schreibe so viele Stories über die Zukunft wie möglich auf Post-its einer Farbe und sortiere sie auf Höhe der Timeline.

Milchprodukte seit der Jungsteinzeit

Milch als Zutat zum Backen und Kochen

Weiß steht für Unschuld

Vegan ist die Zukunft

Kleopatra badet in Milch

Milch aus Zellkultur

Romulus und Remus gesäugt von Wolfsmilch

Die berühmte «got Milk» Werbung

Rinder und Milch sind nicht die Zukunft

1960er bringen die H-Milch

Milch wird Luxusprodukt

HOME BASE

STORIES AUS DER VERGANGENHEIT

STORIES ÜBER DIE ZUKUNFT

Soxhlets Pasteurisierungsverfahren 1890er

Digitaler Milchmann

Schlachthöfe als Urnarrativ

Oma sagt: Milch macht die Knochen hart

Fortschritte in Tierwohl und Tierhaltung

Milchmann bringt die Milch vor die Tür

Grundstoff für Zukunftssubstanzen

Milkshakes und Milkbars in den USA

Veredelte Lebensmittel mit Vitaminen

Das Land, in dem Milch und Honig fließen

03

GESCHICHTEN SAMMELN

A Stories «of us»

B Stories «about us»

C Stories aus der Vergangenheit

D Stories über die Zukunft

E Überschriften finden

F Überschriften priorisieren

G Überschriften zu Narrativen

Am Beispiel MILCH

E

In diesem Arbeitsschritt mit den Post-its aus den letzten Sequenzen (01–04) arbeiten, sie nach Sinnzusammenhängen ordnen und eine Überschrift dafür finden.

!

Bitte achte darauf dass die Überschrift nicht als Stichwort, sondern als (Halb-)Satz formuliert wird.

F

Die Überschriften mit Punkten oder Sternen priorisieren. Daraus entstehen die wichtigsten Punkte, die in einer narrativen Konstellation strategisch berücksichtigt werden.

Die Milch als...

Gesundheitsbeitrag von Milch

- Milch ist eine gute Proteinquelle
- Oma sagt: Milch macht die Knochen hart
- Pflanzliche Milch hat nicht so viele Nährstoffe wie tierliche Milch

... transformative Mythen

- Milchprodukte seit der Jungsteinzeit
- Weiß steht für Unschuld
- Romulus und Remus gesäugt von Wolfsmilch
- Milch ist Ursprung des Lebens. Jedes Leben beginnt mit Milch
- Das Land, in dem Milch und Honig fließen
- Babymilch ist das edelste, wichtigste Produkt
- Pflanzliche Milch ist doch keine echte Milch

... Natur- und Umweltfaktor

- Mandelmilch ist ein Bienenkiller
- Unsere Milch ist ein Naturprodukt
- Bio-Milch ist mir zu teuer!
- Sojamilch liefert die Proteine, ohne dass dafür Tiere zu Schaden kommen
- Wer Bio-Milch kauft, sorgt auch dafür, dass es den Kühen gut geht
- Wir bauen auf Freiland-haltung und natürliche Ernährung
- Das Wohl unserer Kühe steht im Vordergrund
- Tierhaltung ist ein Problem der Milchwirtschaft
- Fortschritte in Tierwohl und Tierhaltung

... vielseitiger Stoff

- Veredelte Lebensmittel mit Vitaminen
- Milkshakes und Milkbars in den USA
- Milch aus Zellkultur
- Grundstoff für Zukunftssubstanzen
- Milch kann sich in vieles verwandeln: Käse, Sahne, Butter...
- Milch als Zutat zum Backen und Kochen

... ein ikonisches Getränk

- Wir arbeiten am digitalen Milchmann
- Milchmann bringt die Milch vor die Tür
- Milka-Kuh, Bärenmarke und Allgäuidylle sind Ikonen
- Diese Molkerei steht für Tradition und Qualität
- Milch wird Luxusprodukt
- Die berühmte «got Milk» Werbung
- Latte Macchiato-Gefühl

... Nahrungsmittel mit Geschichte

- 1960er bringen die H-Milch
- Soxhlets Pasteurisierungs-verfahren 1890er
- Butterberge und Milchseen aufgrund von Subventionspolitik

03

GESCHICHTEN SAMMELN

A Stories «of us»

B Stories «about us»

C Stories aus der Vergangenheit

D Stories über die Zukunft

E Überschriften finden

F Überschriften priorisieren

G Überschriften zu Narrativen

Am Beispiel MILCH

Milch als narrative Geschichte

G

Zu den Überschriften passende narrative Sätze entwickeln, in eine gute Konstellation bringen und auf einen Kernsatz zulaufen lassen.

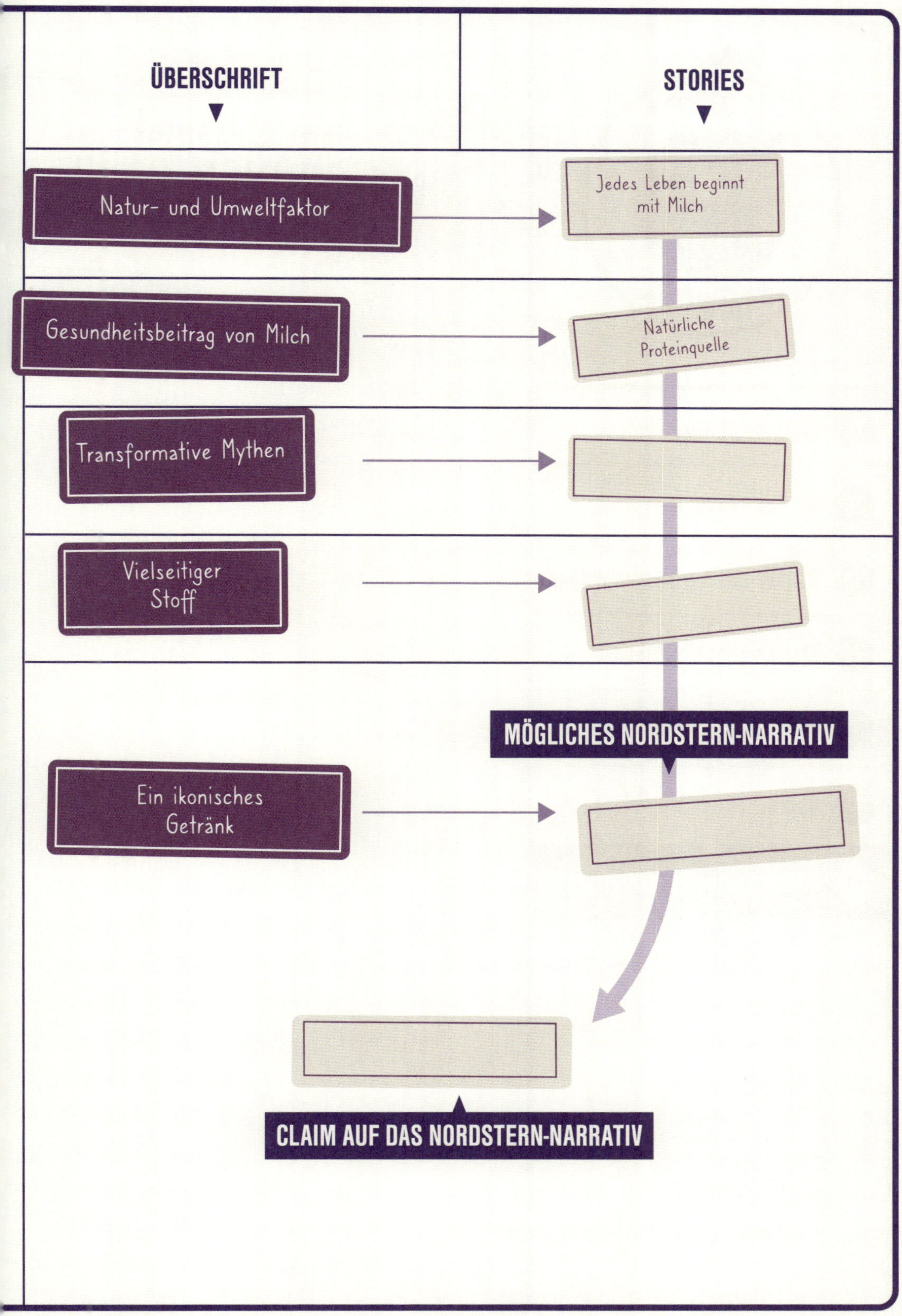
ÜBERSCHRIFT
STORIES
Natur- und Umweltfaktor
Jedes Leben beginnt mit Milch
Gesundheitsbeitrag von Milch
Natürliche Proteinquelle
Transformative Mythen
Vielseitiger Stoff
MÖGLICHES NORDSTERN-NARRATIV
Ein ikonisches Getränk
CLAIM AUF DAS NORDSTERN-NARRATIV

03

GESCHICHTEN SAMMELN

A Stories «of us»

B Stories «about us»

C Stories aus der Vergangenheit

D Stories über die Zukunft

E Überschriften finden

F Überschriften priorisieren

G Überschriften zu Narrativen

Am Beispiel DIE GRÜNEN und ihr Wahlkampf 2021

ÜBERSCHRIFT	STORIES
Protest mit Geschichte	Ursprung der Ökologiebewegung
Regierungserfahren	Erstmals mit einer Kanzlerkandidatin
Identität erneuern	Neue Beteiligungsformen erproben
Soziale Innovation	Grüne sind die Bewegung
	MÖGLICHES NORDSTERN-NARRATIV
Klimawandel als Kernaufgabe	Alle Politik ist Klimapolitik

Bereit, wenn ihr es seid

CLAIM AUF DAS NORDSTERN-NARRATIV

Von Deiner Storysammlung zu Narrativen

Du hast jetzt eine Menge Geschichten gesammelt! Diese Sammlung ist viel wert. Denn sie ist der Grundstoff für die Strategieentwicklungsphase, in die wir uns im nächsten Schritt begeben.

Aus narrativer Perspektive stellt Deine Geschichtensammlung jedoch in gewisser Weise nur die Spitze des Eisbergs dar. Die narrativen Muster, die den Geschichten zugrunde liegen, sind wahrscheinlich noch verborgen. Denn meistens stecken wir so tief in Geschichten drin, dass es uns schwerfällt, die zugrunde liegenden Narrative direkt zu benennen.

Nun geht es darum, diese narrativen Muster sichtbar zu machen, indem Du von Deiner Storysammlung abstrahierst.

Möglicherweise kannst Du aber jetzt schon erahnen, welche Erzählmuster immer wieder Teil der Geschichten sind und somit Bedeutung für Dich und Deine Organisation haben.

Schritt 04
Narrative entwickeln

Identifiziere die narrativen Muster hinter Deinen Geschichten

Worin besteht eigentlich der Vorteil von Narrativen?

Darin, dass sie Komplexität reduzieren, indem sie uns erlauben, Informationen einzuordnen und Sinnzusammenhänge herzustellen. Dieser Prozess erfolgt meist von selbst, ohne dass man tiefschürfende Analysen durchführen müsste. Im ersten Moment kann es schwerfallen, die Narrative von Geschichten zu abstrahieren und sie auf den Punkt zu bringen. Denn Narrative erschließen sich erst im größeren Zusammenhang.

In diesem Schritt geht es darum, die größeren Narrative hinter Deinen bisher gefundenen Geschichten zu identifizieren.

Eine Strategie, die sich in meiner Arbeit mit Kund:innen als erfolgreich erwiesen hat, ist, sich die gesammelten Geschichten anzuschauen und darüber nachzudenken, welche Gruppen von Geschichten sich ergeben und damit ein narratives Muster repräsentieren.

Nimm zum Beispiel die Geschichte von David gegen Goliath. Hier besiegt ein kleiner, aber gewiefter und mutiger Herausforderer einen gigantischen Champion durch einen einzigen gezielten Steinwurf auf die Schwachstelle seines Gegners. Man muss nicht lange überlegen, um weitere Geschichten zu finden, in denen ein:e Held:in durch Mut, Intelligenz und Geschicklichkeit eine:n vermeintlich stärkeren Gegner:in besiegt. Die Beispiele reichen von «Kevin allein zu Haus» bis Greta Thunberg.

Was sind die narrativen Erzählmuster, die Deinen Stories zugrunde liegen?

Du wirst jetzt die Narrative Deines Geschichtenmaterials bergen und veredeln. Dieser Schritt dient dazu, Deinen Nordstern zu finden und zu formulieren, und dazu brauchst Du ein Verständnis für die narrativen Muster Deiner Geschichten.

04 AUS STORIES NARRATIVE ENTWICKELN UND VEREDELN

STRATEGISCHES MOTIV ERKENNEN

....

....

....

PLAKATIV MACHEN ALS CLAIM

....

....

....

NARRATIVE AUSSCHREIBEN

....

....

....

NARRATIVE MUSTER IDENTIFIZIEREN

....

....

....

STORIES / CLUSTER

....

....

....

NARRATIVE PRIORISIEREN

A

Nutze die Rakete um Narrative zu veredeln.

B

Das Beispiel rechts zeigt, wie narrative Formulierungen im Narrativen Sky-Modell verwendet werden.

Stories sind der Treibstoff unserer Reise. Sie helfen uns, abzuheben und das eigene Narrativ zum Fliegen zu bringen.

Die wichtigste Lektion, die ich Dir für diesen Schritt mit auf den Weg geben will: Fange nicht unbedingt mit dem Claim an der Spitze an, sondern arbeite Dich am besten von unten nach oben hoch.

Schau auf Deine Stories und finde zunächst thematische Überschriften, unter die Du ähnliche Stories zusammenfassen kannst. Jetzt schau Dir diese Überschriften an und überlege, welche Erzähl- oder Argumentationsmuster Dir dazu einfallen. Verwandle dann die Überschriften in kurze narrative Sätze oder Halbsätze.

Angenommen, Du hast bei Deinem Molkerei-Case etliche Stories gefunden, die die gesundheitlichen Aspekte von Milch betreffen. Welches narrative Erzählmuster würde dazu passen? Das vom Lebenselixier, von der nährenden Muttermilch, vom Ursprung des Lebens oder etwas anderes? Du wirst feststellen, dass Dir ganz unterschiedliche narrative Muster einfallen. Ob ein Narrativ für Dein Anliegen taugt, erkennst Du, wenn Du das strategische Motiv analysiert, das in ihm steckt.

Sei mutig und gib Dir etwas Zeit für diesen Schritt. Du wirst sehen, mit ein bisschen Übung wirst Du immer besser werden. Deine Narrative dürfen ruhig etwas ungelenk klingen. Erst ganz zum Schluss sollst Du Dein Narrativ zu einem knackigen Claim verdichten. Wichtiger als der letzte plakative Schliff ist, dass die sinnhafte Aussage eine langfristige strategische Grundlage für Deine Zukunftsgeschichten ist.

04 AUS STORIES NARRATIVE ENTWICKELN UND VEREDELN

STRATEGISCHES MOTIV ERKENNEN

D

Erkennst du bereits das strategische Motiv, das in Deinem Narrativ steckt? Taugt es vielleicht sogar schon für den Nordstern?

PLAKATIV MACHEN ALS CLAIM

C

Denke Dir erst am Schluss mögliche Claims aus.

NARRATIVE AUSSCHREIBEN

B

Finde erst mal nur eine Überschrift, die auch nur aus ein paar Worten bestehen kann.

NARRATIVE MUSTER IDENTIFIZIEREN

STORIES / CLUSTER

A

Suche die Stories, die etwas Ähnliches erzählen oder die in einem Zusammenhang miteinander stehen.

NARRATIVE PRIORISIEREN

04 AUS STORIES NARRATIVE ENTWICKELN UND VEREDELN

STRATEGISCHES MOTIV ERKENNEN

Weißes Wunder

PLAKATIV MACHEN ALS CLAIM

Milch ist Ursprung des Lebens und bleibt die Zukunft der Ernährung

NARRATIVE AUSSCHREIBEN

Die Zukunftsmöglichkeiten von Milch in den Mittelpunkt stellen

NARRATIVE MUSTER IDENTIFIZIEREN

Kraft und Gesundheit

Mythische Flüssigkeit

Milch als Substanz für mehr...

STORIES / CLUSTER

Milch stärkt die Knochen und die Abwehrkräfte

Das Land, in dem Milch und Honig fließen

Romulus und Remus und die Wolfsmilch

Milch gibt es schon im Paradies

NARRATIVE PRIORISIEREN

Zukunftsmilch

Medi-Milch, Vitamin-Milch ...

Naturmilch und synthetische Milch aus derselben Molkerei

04 AUS STORIES NARRATIVE ENTWICKELN UND VEREDELN

Molkereien als Labore für Milch

STRATEGISCHES MOTIV ERKENNEN

Die vielseitigen Zukunftsmöglichkeiten des weißen Wunders Milch in den Mittelpunkt stellen

PLAKATIV MACHEN ALS CLAIM

Das weiße Wunder

Milch ist mehr als nur ein Getränk

NARRATIVE AUSSCHREIBEN

NARRATIVE MUSTER IDENTIFIZIEREN

Milch als Stoff

STORIES / CLUSTER

Grundstoff für Zukunftssubstanzen

Veredelte Lebensmittel mit Vitaminen

Milch aus Zellkultur

Milch kann sich in vieles verwandeln: Käse, Sahne, Butter...

Milkshakes und Milkbars in den USA

Milch als Zutat zum Backen und Kochen

NARRATIVE PRIORISIEREN

Narrative Ausformulierungen haben einen großen Vorzug. In den meisten Narrativen findet sich nämlich bereits eine Handlungsanleitung oder ein strategischer Kern. Schauen wir uns einmal die vermeintlich unspektakulärste Überschrift der Milch-Story-Sammlung an: Milch als Substanz. Da steckt auf den ersten Blick nicht viel drin. Aber was ist eigentlich das Narrativ hinter den ganzen Stories, die sich um die Substanz Milch drehen? Vielleicht dies: «Milch ist mehr als nur ein Getränk». Oder: «Milch ist nicht nur das, was aus Kühen kommt.» So formuliert regt es zum strategischen Nachdenken an: Was könnte dieses Mehr sein? Wo könnte meine Milch noch herkommen? Welchen Beitrag kann mein Unternehmen zu diesem Mehr leisten? Liegt die Zukunft meiner Molkerei vielleicht in einem Labor für die Milch der Zukunft?

Narrative laden also zur strategischen Spekulation ein – und genau das sollen sie in dieser Phase auch tun. Vielleicht bringen sie Dich zunächst auf Abwege. Vielleicht ist eine Zukunft als *Labor für Zukunftsmilch* etwas zu hoch gegriffen und passt nicht wirklich zu Deiner kleinen, regionalen Molkerei. Aber das macht nichts! Denn mit dieser Idee hast Du jetzt den Möglichkeitsraum schon einmal weit aufgestoßen. Widme Dich den anderen Story-Clustern auf dieselbe Weise.

Irgendwo lagert garantiert der Treibstoff, der Dich zu Deinem Nordstern führt und Dein Projekt zum Fliegen bringt.

Netflix versus Blockbuster – eine Erfolgsstory und die zwei großen Narrative dahinter

Das David-gegen-Goliath-Narrativ

Im Jahr 1985 gründet David Cook den Videoverleih Blockbuster und wird schnell zum Marktführer mit Tausenden von Videotheken in den USA. Kein Wunder, dass dieser Riese den Neueinsteiger Netflix lange nicht beachtet und im Jahr 2000 sogar die Möglichkeit verschmäht hat, den Konkurrenten für 50 Millionen Dollar zu übernehmen.

Netflix bot seinerzeit noch kein Onlinestreaming an, aber eine Videorückgabe per Post, bessere Preise und vor allem geringere Mahngebühren. Mit der Einführung seines Streamingdienstes entschied sich der Konkurrenzkampf jedoch endgültig. Netflix wurde zum globalen Superstar mit eigener Content-Produktion. 2013 schloss der letzte Blockbuster-Store.

Der Konkurrenzkampf von Netflix und Blockbuster wird oft als eine David-gegen-Goliath-Geschichte erzählt. Ein klassisches Narrativ, das nicht nur in der Unternehmenswelt vorkommt. Dem Journalisten Malcolm Gladwell zufolge besteht die Lektion des David-gegen-Goliath-Narrativs vor allem darin, dass die Schwäche der Übermächtigen gerade in ihrer Stärke liegt, die sie träge und zu selbstgewiss werden lässt. Der junge und ansonsten unbewaffnete David besiegt den riesigen Goliath einzig mit einer simplen Steinschleuder.

Auch in diesem Narrativ liegt ein strategisches Motiv, das in etwa so lauten könnte: Mit dem effizienten Einsatz von Mitteln kann man viel stärkere Gegner besiegen. Diese Strategie kann laut Gladwell sowohl Unternehmen als auch Menschen helfen, die mit einem übermächtigen Gegner zu kämpfen haben. Die Vielseitigkeit im Einsatz ist noch ein Grund, warum ich die Arbeit mit und an Narrativen liebe: Ihre Botschaft lässt sich sehr leicht übertragen. In Narrativen ist nicht nur der strategische, sondern auch der emotionale Kern von Geschichten gespeichert: Mit Mut, Geschicklichkeit und Vorbereitung kannst auch Du die Übermächtigen überwinden.

Nutze positive Narrative als strategische Anleitung und emotionale Booster für Dein Vorhaben!

Das Narrativ von der neuen digitalen Welt

Während das *David gegen Goliath-Narrativ* das strategische Motiv transportierte, lieferte ein anderes Mega-Narrativ die Mittel: Die Digitalisierung versprach gerade um die Jahrtausendwende viel Potenzial zur Disruption. Das Narrativ von der digitalen neuen Welt, in der jede:r immer und überall Zugang zu auf sich zugeschnittene Informationen, Dienstleistungen und Entertainment haben würde, war viel attraktiver als das überkommene, höchstens noch nostalgisch anmutende Narrativ analoger Dienstleister mit muffigen Videotheken. Das Narrativ der Digitalisierung war sogar so präsent, dass Blockbuster früher eine strategische Antwort darauf hätte finden müssen. Da das Unternehmen dies jedoch versäumte, lieferten die Narrative der Digitalisierung genau den Stein und die Schleuder, mit denen der Underdog Netflix den Goliath Blockbuster aus dem Rennen schlug.

Blockbuster: Analoge, alte Welt	Netflix: Neue digitale Welt
Ich muss in ein Geschäft gehen, um Filme zu leihen	**Ich kann Filme jederzeit von Zuhause streamen**
Anonym, Filme nach Kategorien auf dem Regal	**Mir werden Filme und Serien personalisiert empfohlen**
Rückgabefristen und Verzugskosten	**Ich habe ausschließlich Abonnementkosten**
Gebunden an ein extra Abspielgerät (DVD, VCR, etc.)	**Läuft auf meinem TV/Laptop/ Tablet**

Deine Rakete zum Nordstern-Narrativ ist jetzt startklar. Was bisher geschah: Du hast Deine Home Base kennengelernt und auf die Zukunft hin ausgerichtet, Du hast Stories gesammelt, die Dich und Deine Organisation beschreiben, und dabei die Vergangenheit und Zukunft ergründet. Im letzten Schritt hast Du diese Stories zu narrativen Mustern veredelt, vielleicht auf Claims zugespitzt und hast dabei vor allem potenzielle strategische Motive entdeckt, die von den Stories und Narrativen vermittelt werden.

Im nächsten Schritt geht es darum, Dich im Storyverse noch besser zu orientieren, Antworten zu finden, Potenziale zu sehen und zu nutzen und vor allem Dein Nordstern-Narrativ zu bestimmen.

Um einen Überblick zu erhalten, stelle ich Dir verschiedene Kategorien vor, in die Du Deine veredelten Narrative einsortieren kannst: Sparks – das sind schnell aufleuchtende strategische und kommunikative Gelegenheiten. Black Holes sind Narrative, die es zu vermeiden gilt, deren negative Kraft Du aber auch für Dich nutzbar machen kannst. Konstellationen stehen für Gruppen von Narrativen, die sich gegenseitig Resonanz geben und dadurch einander bestärken – und aus denen sich am Ende Dein Nordstern ergibt.

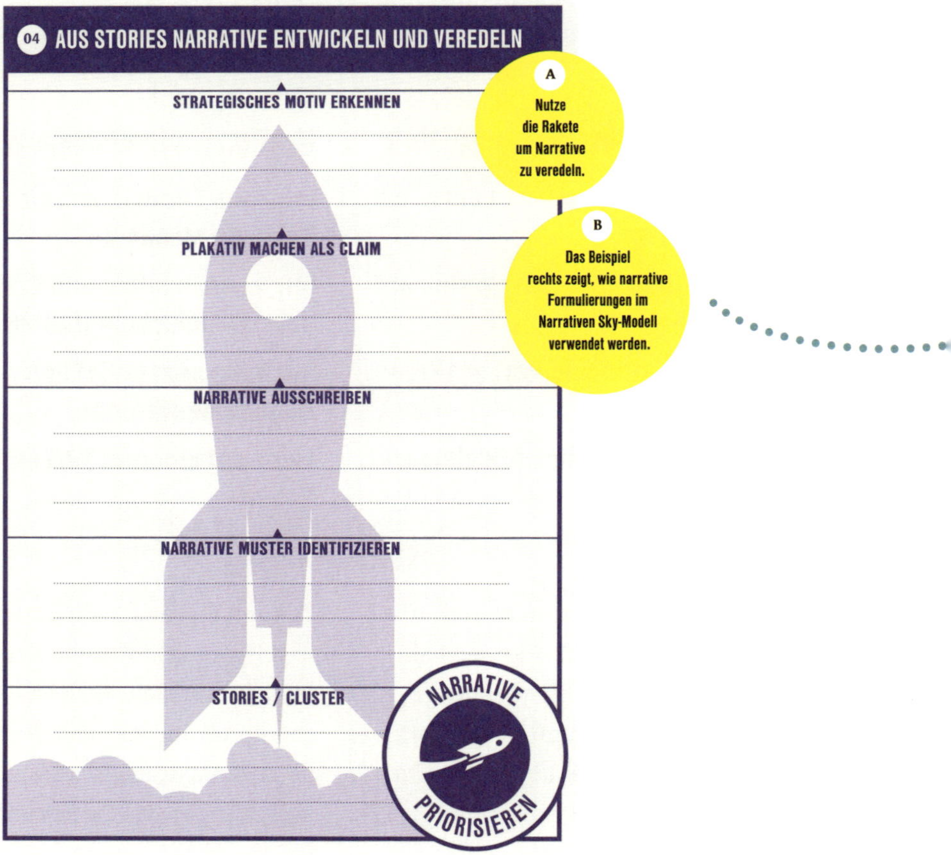

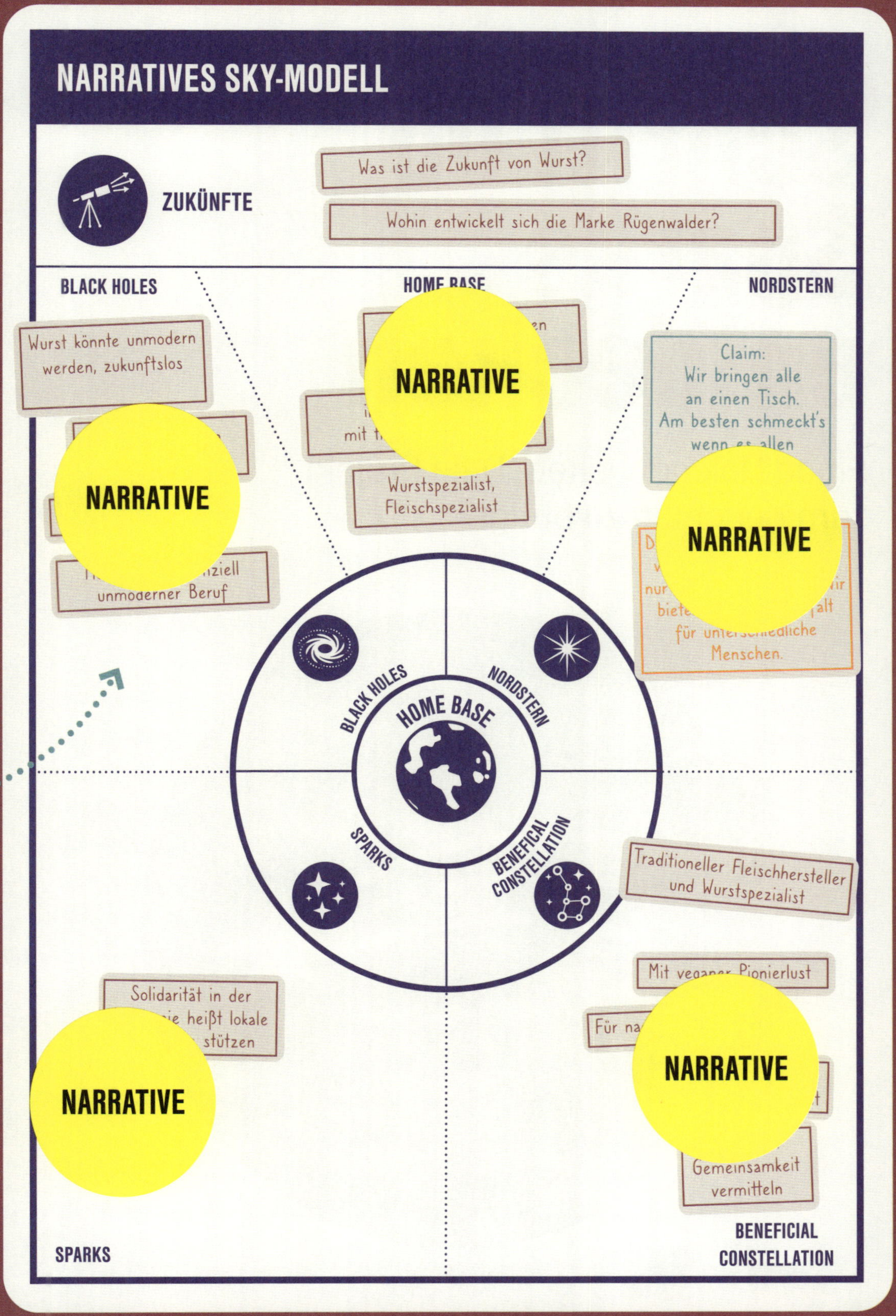

NARRATIVES SKY-MODELL
ZUKÜNFTE
Was ist die Zukunft von Wurst?
Wohin entwickelt sich die Marke Rügenwalder?
BLACK HOLES
HOME BASE
NORDSTERN
Wurst könnte unmodern werden, zukunftslos
NARRATIVE
unmoderner Beruf
NARRATIVE
Wurstspezialist, Fleischspezialist
Claim: Wir bringen alle an einen Tisch. Am besten schmeckt's wenn es allen
NARRATIVE
für unterschiedliche Menschen.
BLACK HOLES
NORDSTERN
HOME BASE
SPARKS
BENEFICAL CONSTELLATION
Traditioneller Fleischhersteller und Wurstspezialist
Solidarität in der ... heißt lokale ... stützen
NARRATIVE
Mit veganer Pionierlust
NARRATIVE
Gemeinsamkeit vermitteln
SPARKS
BENEFICIAL CONSTELLATION

Schritt 05
Sparks entdecken

Finde Gelegenheiten, Dein Projekt zum Leuchten zu bringen

Was geschieht, wenn Deine Narrative auf passende Situationen für Gelegenheitskommunikation treffen? In der heutigen Zeit, die sich vor allem durch Schnelligkeit in den Formen der Kommunikation auszeichnet, muss man in der Lage sein, auf Aktuelles schnell zu reagieren und sich dazu zu positionieren. Kaum eine Organisation kann es sich leisten, Tagesaktualitäten und Trends unkommentiert zu lassen. Umgekehrt bieten die heutigen Kommunikationsmittel auch die Chance, spontan und ohne viel Aufwand auf Themen zu reagieren.

Gute Zukunftsstrategien und ihre Narrative ermöglichen Beweglichkeit und eine gelingende und authentische Anschlusskommunikation mit Wirkungskraft.

Hochwasserkatastrophen etwa sind dramatische Ereignisse - und eine Bühne für Politiker:innen. In solchen unmittelbaren Krisen wird politische Führung sichtbar, erlebbar und im besten Fall nahbar. Das Krisenmanagement offenbart persönliche Fähigkeiten und Charakterzüge von Politiker:innen, die für ihren Auftrieb oder ihren Untergang entscheidend sein können. Durch sein beherztes Agieren in der Flutkatastrophe von 1962 profilierte sich Helmut Schmidt zum späteren Kanzler, 1997 reüssierte Matthias Platzeck bei der Oderflut und Gerhard Schröder gewann nach seinem Auftritt in Gummistiefeln bei der Oderflut 2002 in Grimma die Bundestagswahl. Ebenso trug eine humorvolle Situation im Hintergrund einer Rede des Bundespräsidenten angesichts der Ahrtalflut im Jahr 2021 entscheidend zum Scheitern des CDU-Kanzlerkandidaten Armin Laschet bei der Bundestagswahl bei. Den GRÜNEN wiederum gab die Katastrophe Auftrieb: Das Flutdesaster demonstrierte einerseits die Folgen des Klimawandels, andererseits unterstrich es – ohne dass es dafür besonders vieler Worte bedurfte –, dass Klimapolitik heute dringlicher denn je ist.

Gummistiefel-Politik ist ein sehr gutes Beispiel für das, was wir «Sparks» nennen. «Sparks» stehen für Sternschnuppen-Momente, die Persönlichkeiten oder Organisationen und ihre Agenda zum Leuchten bringen können. Dabei ist gerade der Politikbetrieb von Gelegenheitskommunikation geprägt. Diejenigen gewinnen, die diese Gelegenheiten gut bespielen können. Dass eine furchtbare Katastrophe wie eine Flut zur Bühne wird, mag nicht jedem sympathisch sein. Gerade negative Ereignisse verlangen jedoch auch nach sensibler und verlässlicher Führung, die sichtbar werden muss.

Ein Spark-Moment stellt eine Bühne dar, die kurzfristig strategisch und kommunikativ bespielt werden kann – was schließlich sogar langfristige Folgen haben kann.

Jedoch unterscheiden sich Sparks immer von der Zukunftsstrategie, die mittel- oder langfristig auf Jahre hinaus ausgerichtet funktionieren sollte. Gut genutzte Spark-Moments zeigen, wie eine große Strategie im Kleinen wirken kann. Anlässe für Sparks kommen häufig unerwartet. Gerade hier kann die Anschlusskommunikation kurzfristig von hoher Bedeutung sein, ohne dass sie lange strategisch geplant war. Es handelt sich oft um plötzlich aufleuchtende Chancen und Gelegenheiten, in denen Deine Reaktion viel Energie freisetzen kann für Dein Anliegen – auch wenn es nur von kurzer Dauer ist. Denn in diesem einen Moment kann man genau das Richtige oder genau das Falsche tun. Es geht dann um alles oder nichts. Sparks sind somit auch Herausforderungen – hieran scheitern oder wachsen Menschen und Organisationen.

Spark-Momente haben großes Potenzial, dem Anliegen einer Organisation und ihren Narrativen Gehör zu verschaffen. Dennoch können sie durch ungeschickte Kommunikation auch zurückfeuern und sich in Black Holes mit gravierenden Konsequenzen verwandeln. «Laschets Lacher» ist so ein Beispiel.

Die Digitalisierung hat zu einer rasanten Zunahme solcher Spark-Momente geführt.

Shitstorms, Twitter-Trends und Memes, die in sozialen Netzwerken verbreitet werden, sind Gelegenheiten für Anschlusskommunikation. Die Hashtag-Fähigkeit wiederum kann ein Kriterium für ein Spark sein, indem ein guter Hashtag prägnant und anschlussfähig ist und weitere Verbreitung erlaubt. Beachte jedoch, dass sich natürlich auch Shitstorms durch die gesteigerte digitale Verbreitungslogik schwerer kontrollieren lassen!

05 SPARKS ENTDECKEN

SPARKS EINSAMMELN

GELEGENHEITEN, ZU GLÄNZEN UND MEINEM ANLIEGEN EINE BÜHNE ZU BIETEN

WELCHE GESCHICHTE STEHT AN?
IN WELCHEM ZEITRAUM?
WELCHER BEZUG ZU MEINER SACHE?
WAS WIRD BESCHLEUNIGT?
WELCHER HASHTAG WÄRE DENKBAR?

A Priorisiere die relevanteste Blickrichtung, indem Du sie mit Sternen markierst.

05 SPARKS ENTDECKEN

Die GRÜNEN zur Ahrtal-Flut

SPARKS EINSAMMELN

GELEGENHEITEN, ZU GLÄNZEN UND MEINEM ANLIEGEN EINE BÜHNE ZU BIETEN

WELCHE GESCHICHTE STEHT AN?
Ahrtalflut zerstört weite Landstriche
IN WELCHEM ZEITRAUM?
Jetzt gerade, und es wird noch 2-3 Wochen dauern, dann Jahre für den Wiederaufbau
WELCHER BEZUG ZU MEINER SACHE?
Präsenz und Tatkraft – an der Seite der Betroffenen sein, sie wahrnehmen und Hilfe organisieren
WAS WIRD BESCHLEUNIGT?
Wahrnehmung der Klimathematik, ohne die Situation «politisch auszuschlachten»
WELCHER HASHTAG WÄRE DENKBAR?
#Ahrtalhilfe

Potenzielle Spark-Moments

- Krisen (und andere negative Ereignisse);
- anstehende Jahrestage, Jubiläen;
- geplante Events und Ereignisse;
- Memes oder Hypes, Hashtags;
- mediale Ereignisse, auf die es zu reagieren gilt.

Beispielhafte grüne Spark-Moments

- Das Thema und der Protest um den Hambacher Forst;
- die Ahrtalflut stellt die Klimakrise in den Vordergrund;
- Welternährungstage / Grüne Woche.

Die GRÜNEN und ihr Umgang mit der Flutkatastrophe im Ahrtal

- Klimawandel – nicht überbetonen, da politischer Claim;
- Mitgefühl – sichtbar zeigen, aber nicht medial nutzen;
- Tatkraft – Hilfe organisieren und Programm aufsetzen;
- Präsenz – an der Seite der Betroffenen sein, sie wahrnehmen.

Politische Events und Anlässe

«Umweltbonus» und «Benzinpreisbremse» stellen Sparks für Mobilitätsanbieter dar.

Die Weltklimakonferenz ist ein Spark für Fridays for Future, den Greta Thunberg im August 2019 mit ihrem ökologischen Segeltörn gut zu bespielen wusste.

Die Coronapandemie als Spark-Schauer

Aus strategischer Perspektive könnte die Coronapandemie als Sternschnuppen-Moment betrachtet werden – zum Beispiel für Textilunternehmen, die kurzfristig in die Maskenmanufaktur eingestiegen sind. Die Kontaktbeschränkungen lieferten Facebook ein narratives Argument für das Metaverse – schließlich bringt es uns wieder zusammen –, sie brachten Videokonferenzen zum Leuchten und Home-Fitnessgeräte (zum Beispiel Peloton) in Mode. Die Gesundheitskrise rückte die Leistungen und die Relevanz von Pflegepersonal in den Vordergrund (#systemrelevant). Unternehmen warben für Zusammenhalt, fürs Zuhausebleiben oder fürs Impfen – Aldi mit #gemeinsamgehtalles oder Rügenwalder Mühle mit #zusammengegencorona.

Jetzt bist du dran.

Beim Sichten Deiner Narrative und Stories wirst Du vielleicht Ereignisse finden, die Dich sofort dazu animieren, die Gelegenheit beim Schopf zu packen und in Deiner Kommunikation oder Strategie aktiv zu werden.

- Verschaffe Dir einen Überblick über mögliche Momente, die sich als Sparks anbieten könnten.
- Schaue Dir Deine Storysammlung an und identifiziere gute Spark-Gelegenheiten sowie das Narrativ, auf das sie treffen, die in solchen Momenten Deine Organisation und Dein Anliegen zum Leuchten bringen könnten.
- Vielleicht fallen Dir noch andere Gelegenheiten ein? Nimm Dir die Zeit und schaue den Kalender nach Jubiläen, Thementagen und dergleichen durch. Überlege noch einmal konkret, zu welchen aktuellen Themen Du Dich äußern möchtest und ergänze Deine Liste.
- Es gilt für Dich, anstehende Anlässe und mediale Events zu überblicken und zu planen. Denn hier handelt es sich um die vorhersehbaren Spark-Momente. Diese lassen sich vorbereiten, indem Du darauf zugeschnittene Stories produzierst oder potenzielle Partner einbeziehst.
- Aber Achtung! Vieles, was auf der aktuellen Tagesordnung steht, kann in ein paar Monaten Schnee von gestern sein. So änderten sich während der Pandemie irgendwann die Standards und auch die einfache Maske wich der medizinisch hochwertigen FFP2 Maske. Grundsätzlich solltest Du verhindern, beliebig zu werden und anlasslos auf alles zu reagieren. Es gilt also, genau abzuschätzen, wie viel Energie Du in welche kurzfristigen Chancen und Gelegenheiten stecken möchtest!

Schritt 06
Black Holes begegnen

Schätze Risiken ein und nutze die Energie daraus

Die Stories, die uns umgeben, sind nicht immer positiver Natur. Gerade in schwierigen Umbruchzeiten kann es sich anfühlen, als wäre das Storyverse ein stockdunkler Ort. Im Weltraum verschlucken schwarze Löcher alles um sich herum. Ihre Schwerkraft ist so stark, dass nichts – nicht einmal Licht – entkommen kann, wenn es einmal hineingezogen wurde.

Auch die Kommunikation kennt solche schwarzen Löcher. Black-Hole-Narrative absorbieren Aufmerksamkeit und führen sie schließlich in die ultimative Sackgasse.

Zum Glück sind die meisten Black-Hole-Narrative relativ leicht zu erkennen. Im Großen und Ganzen tragen sie nichts Neues zum Storyverse eines Unternehmens bei. Stattdessen lenken sie ab, indem sie die unvorteilhaften oder nachteiligen Aspekte des Unternehmens hervorheben. Solche Erzählungen werfen nicht nur ein schlechtes Licht auf ein Unternehmen. In ihrer gefährlichsten Form schaden sie dem Unternehmen aktiv, indem sie die Kommunikation mit wichtigen Interessengruppen beeinträchtigen oder das Unternehmen sogar isolieren.

Und dann gibt es Black Holes, die uns alle betreffen. Dunkle Zukunftsprognosen und Krisennarrative wie Klimawandel, Pandemien, Rezessionen, Unruhen. Umso wichtiger ist es, zu wissen, wie man ihnen ohne Schönfärberei oder Ignoranz begegnet. Ob man ihnen selbstbewusst entgegentreten muss – oder ob sich ihre dunkle Energie nicht vielleicht sogar umpolen und zum Argument für die eigene Sache umkehren lässt.

Gehe Risiken und schwarzen Löchern, potenziellen Katastrophen also nicht aus dem Weg. Beschäftige Dich mit der Konkurrenz, dem Einbruch des Marktes, den Verlierern der Disruption und dem größtmöglichen Schaden. Schöpfe Kraft daraus, gegen etwas zu sein, etwas unbedingt vermeiden zu wollen und Reibungsfläche zu haben, nicht um der Reiberei willen, sondern um keine geschönte Weltsicht zu entwickeln. Rede Dir die Zukünfte nicht nur schön und positiv.

Der folgende Schritt gibt Dir Gelegenheit, Dich ausgiebig mit den Black Holes in Deinem Storyverse zu beschäftigen, Dich auf sie vorzubereiten und Dir zu überlegen, wie Du ihnen begegnen möchtest.

Black Holes sind nicht nur schwarze Löcher, die verfälschen und manipulieren. Sie bieten auch eine Chance, sich zu positionieren und auszudifferenzieren.

Ein gutes Beispiel für ein Black Hole ist das Narrativ: «Automatisierung vernichtet Arbeitsplätze.» Dieses Narrativ absorbiert immer wieder jegliche Aufmerksamkeit in wichtigen Diskussionen über die Transformation von Arbeit im Kontext der Digitalisierung. Das verengt die Debatte und verhindert häufig die Lösung von wichtigen Problemen.

Wie die meisten Black Holes neigt auch das negative Automatisierungsnarrativ zu Generalisierung und Ungenauigkeit. Beispielsweise unterschlägt es, dass der technologische Fortschritt in der Vergangenheit mehr hoch qualifizierte Arbeitskräfte hervorgebracht hat, als durch ihn überflüssig geworden sind. Zweitens lenkt es von wichtigen Diskussionen ab, etwa über die Ethik der Automatisierung oder das geistige Eigentum in der digitalen Wirtschaft. Drittens ist ein solches Narrativ, das Angst und Misstrauen verbreitet, potenziell nachteilig für Unternehmen, die die Automatisierung nutzen, um wichtige Probleme zu lösen, zum Beispiel im Bereich der Mobilität, und um neue Produkte und Dienstleistungen anzubieten.

Es gibt also gute Gründe, sich nicht von Black-Hole-Narrativen einschüchtern zu lassen, sondern sich auf sie einzulassen und ihnen mit selbstbewusstem Zukunftsoptimismus zu begegnen.

- Ignoriere die Black Holes derer, die sich ohnehin nicht überzeugen lassen, und verschwende Deine Energie nicht auf Scheingefechte.
- Black-Hole-Narrative ziehen ihre Kraft aus ihrer Dunkelheit. Versuche, mit Transparenz dagegen zu halten. Demonstriere Dein Bewusstsein und Verständnis für die belastbaren Argumente des Black-Hole-Narrativs.
- Suche frühzeitig das Gespräch mit denjenigen Stakeholdern und Interessengruppen, von denen Du annehmen kannst, dass sie Dich mit einem Black-Hole-Narrativ konfrontieren werden.
- Zeige die unterschlagenen Alternativen eines Black Hole auf und entziehe ihnen ihre Kraft, indem Du beweist, dass Du einen differenzierteren Blick auf die Sache hast. Nutze so die Energie eines Black Hole, um Deine Sache voranzubringen.

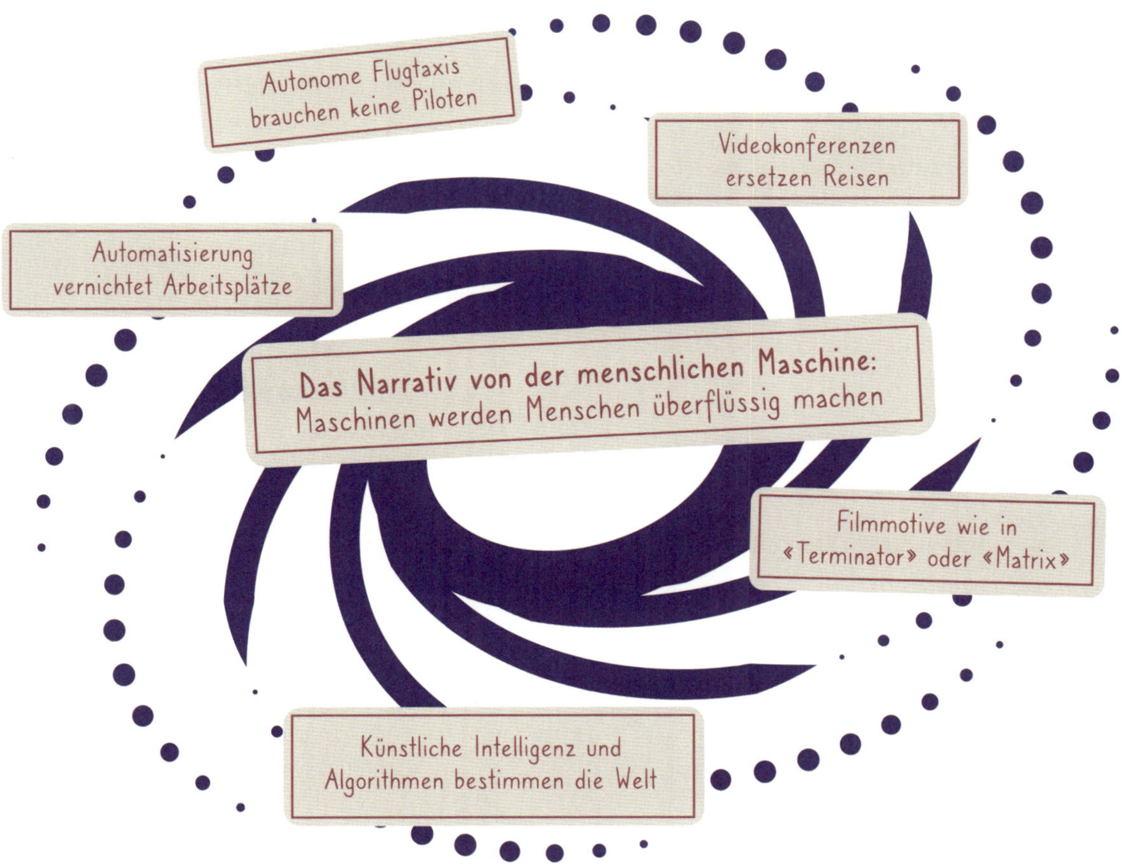

Um Black Holes zu identifizieren, die auf Deine Organisation zukommen, gehst Du am besten so vor: Überprüfe zunächst Deine Sammlung von Erzählungen auf Black Holes, indem Du Dir folgende Fragen stellst:

- Schadet dieses Narrativ aktiv Deiner Organisation oder Deinem Projekt?
- Hat dieses Narrativ das Potenzial, Diskussionen mit Interessengruppen entgleisen zu lassen oder zu beenden?
- Trägt die Erzählung zu einem ungünstigen Image Deines Unternehmens bei?
- Lenkt das Narrativ von der Vision Deines Unternehmens ab oder beeinträchtigt es diese?
- Hebt die Erzählung Probleme Deines Unternehmens oder Deiner Produkte oder Dienstleistungen hervor?
- Bezieht sich die Erzählung auf Informationen, die schwer zu verarbeiten sind?
- ... und die nicht jeder auf Anhieb versteht?
- Verbreitet diese Erzählung Fehlinformationen?

Versuche dann noch einmal gezielter nach Black Holes Ausschau zu halten und ergänze Deine Liste:

- Was kann meine Sache zum Scheitern bringen?
- Welche Risiken und potenzielle Katastrophen dürfen nicht einfach ausgeblendet werden?
- Welche großen Black Holes (Klimawandel, Krisen und Ähnliches) verlangen eine Antwort?
- Welche Risikonarrative gab es schon in der Vergangenheit, welche werden immer wieder bemüht?
- Welche Risiken können als Herausforderung gesehen werden und erzeugen eine Extraportion Motivation und Energie?

Trage Deine Ergebnisse ein und gib Dir die Zeit, auf alles eine strategische Antwort zu entwickeln, denn auch diese Antworten sind mögliche Kandidaten für Dein späteres Nordstern-Narrativ.

06 BLACK HOLES BEGEGNEN

A

Überlege Dir strategische Antworten, um mit den Black Holes umzugehen. Schreibe Deine strategischen Antworten in die grün umrandeten Kästen.

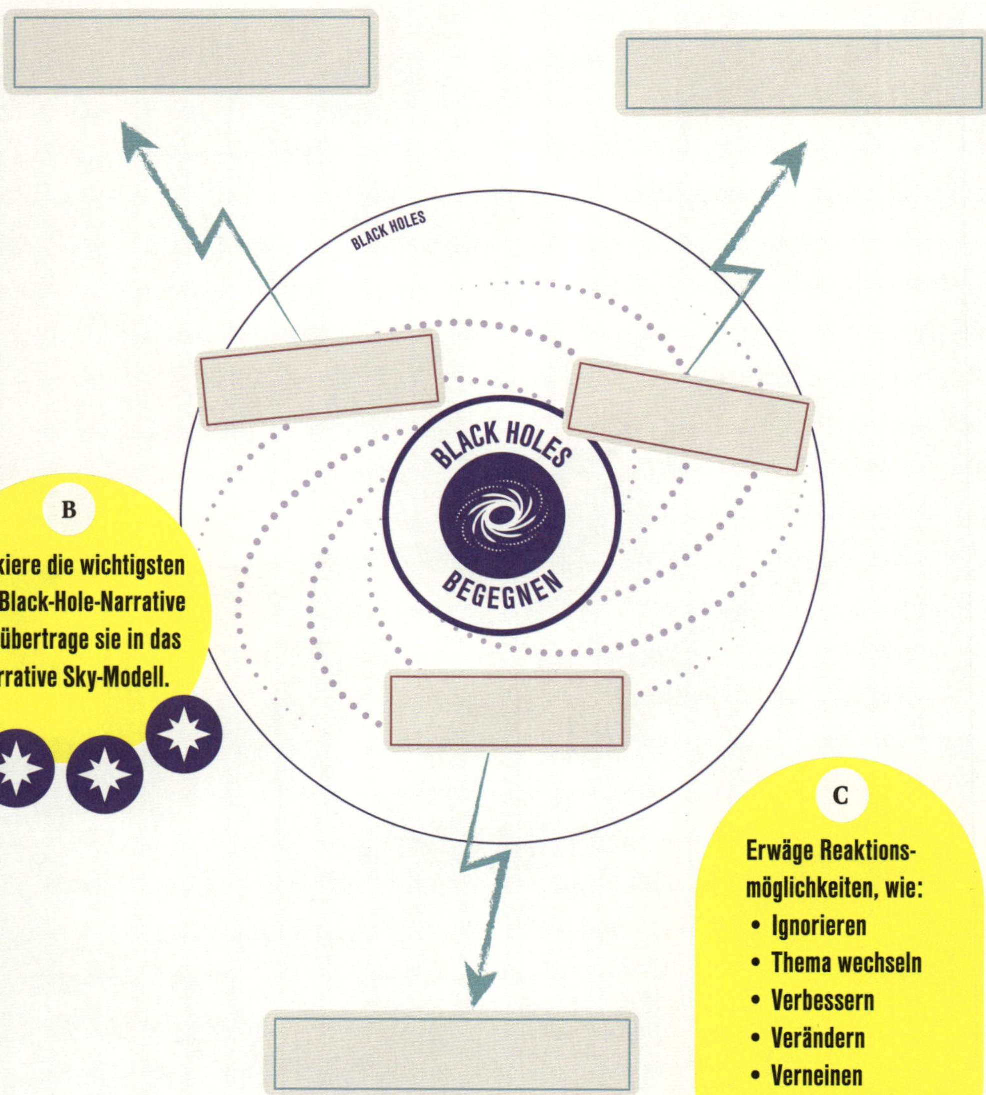

B

Markiere die wichtigsten drei Black-Hole-Narrative und übertrage sie in das Narrative Sky-Modell.

C

Erwäge Reaktionsmöglichkeiten, wie:

- **Ignorieren**
- **Thema wechseln**
- **Verbessern**
- **Verändern**
- **Verneinen**
- **Aus dem Weg gehen**
- **Gegenangriff**

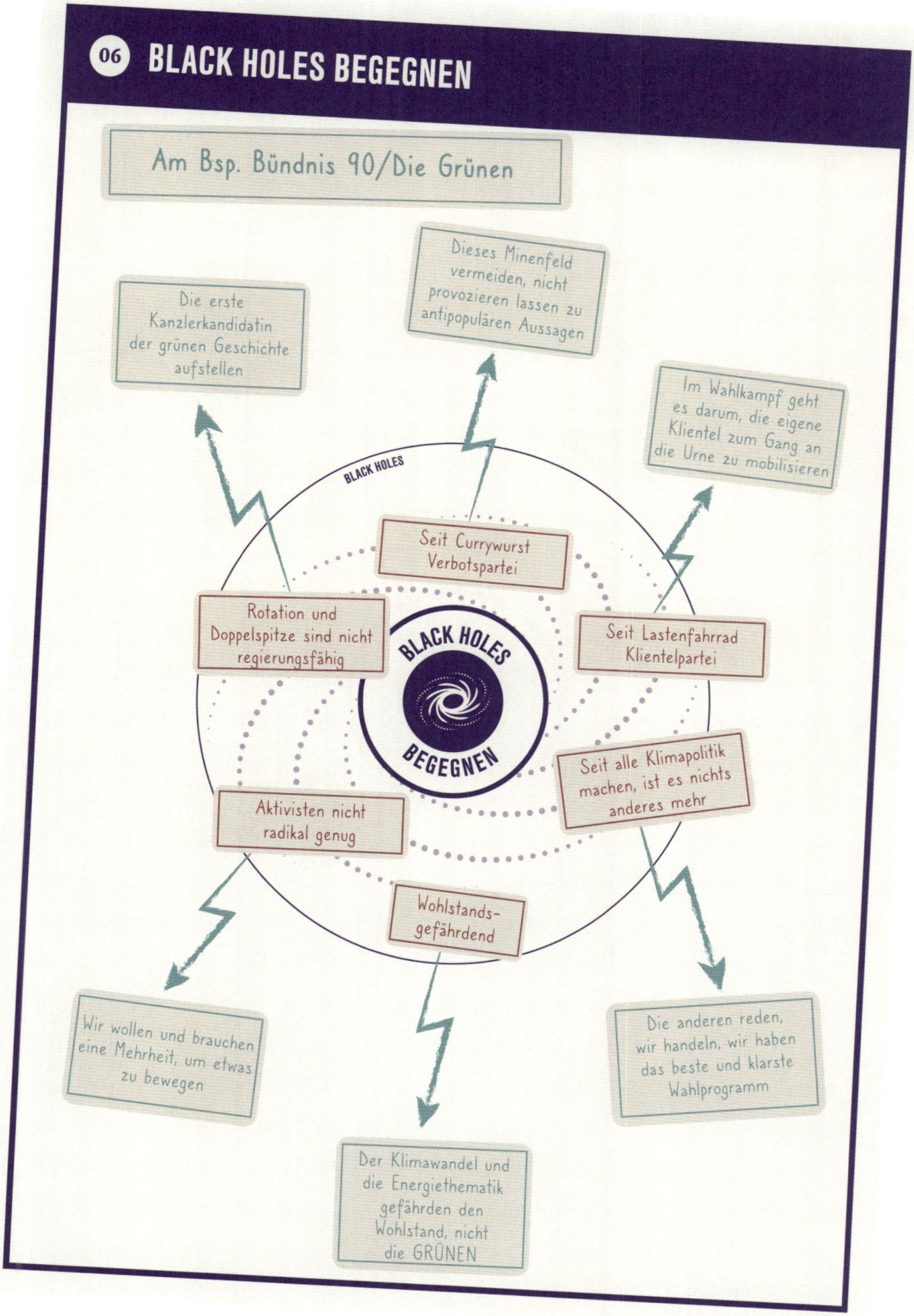
06 BLACK HOLES BEGEGNEN
Am Bsp. Bündnis 90/Die Grünen
Die erste Kanzlerkandidatin der grünen Geschichte aufstellen
Dieses Minenfeld vermeiden, nicht provozieren lassen zu antipopulären Aussagen
Im Wahlkampf geht es darum, die eigene Klientel zum Gang an die Urne zu mobilisieren
BLACK HOLES
Seit Currywurst Verbotspartei
Rotation und Doppelspitze sind nicht regierungsfähig
BLACK HOLES BEGEGNEN
Seit Lastenfahrrad Klientelpartei
Seit alle Klimapolitik machen, ist es nichts anderes mehr
Aktivisten nicht radikal genug
Wohlstands-gefährdend
Wir wollen und brauchen eine Mehrheit, um etwas zu bewegen
Die anderen reden, wir handeln, wir haben das beste und klarste Wahlprogramm
Der Klimawandel und die Energiethematik gefährden den Wohlstand, nicht die GRÜNEN

06 BLACK HOLES BEGEGNEN

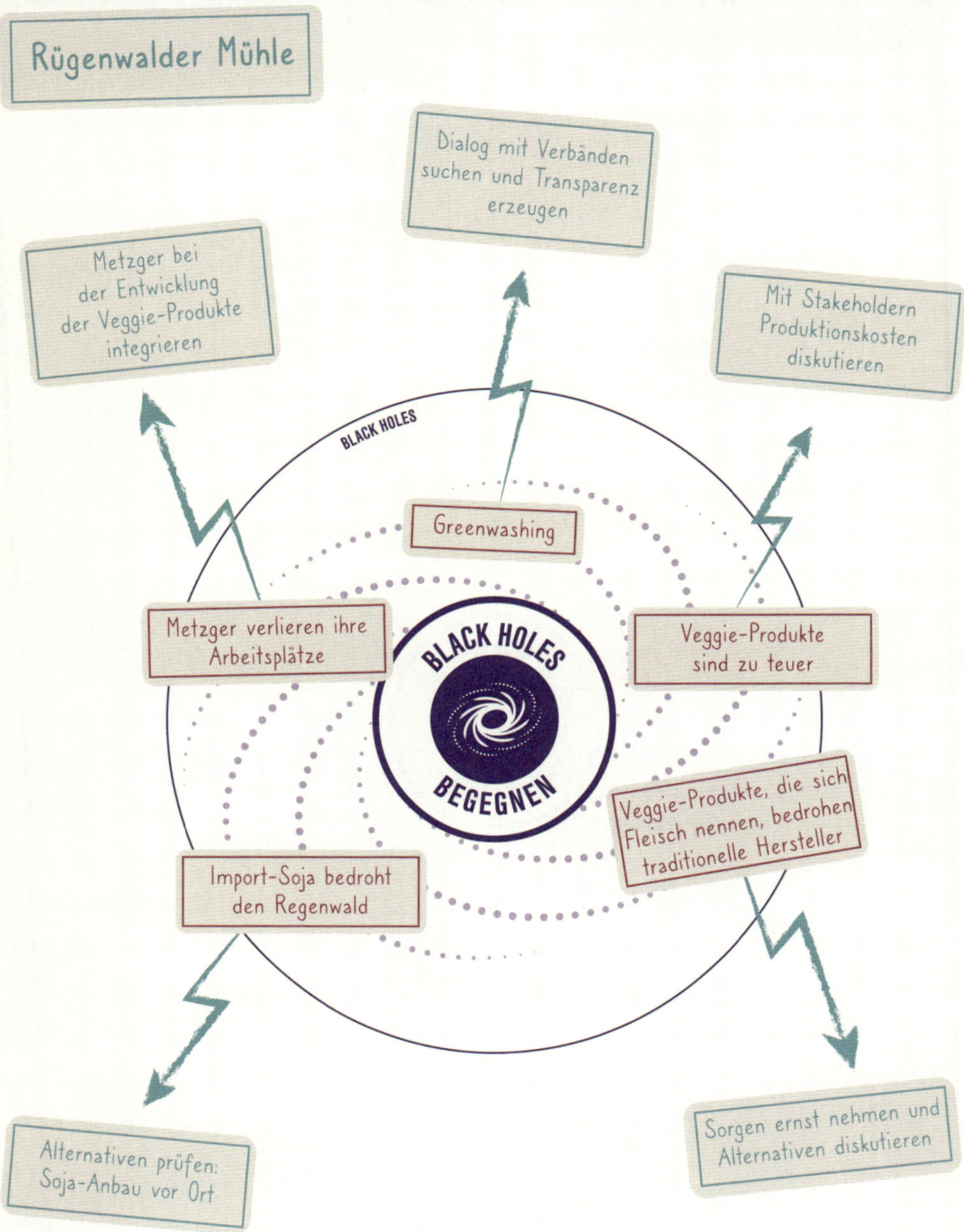

Die effektivste Art und Weise, einem Black Hole zu begegnen, ist, von vornherein das Gespräch mit denjenigen zu suchen, die sich hinter diesen Narrativen versammeln. Denn häufig lassen sich Lösungen finden, die für alle vertretbar sind.

Ein Beispiel: Bei der Einführung ihrer Veggie-Produkte sah sich die Rügenwalder Mühle einer ganzen Reihe neuer potenzieller Black Holes gegenübergestellt. Für das Unternehmen, das es gewohnt war, mit den Kritiker:innen der Fleischverarbeitung umzugehen, waren dies ganz neue Herausforderungen. Plötzlich galt es, auch die Zweifel der eigenen Leute, zum Beispiel der Metzger:innen und Landwirt:innen, zu entkräften. Dazu kamen die Fallstricke, die mit der Produktion von vegetarischen Produkten einhergehen - von der Preispolitik bis zum ökologischen Anbau von Sojabohnen. Auch die Reaktionen der Endverbraucher:innen – die beiden Lager der Veganer:innen und Fleischesser:innen – bereiteten dem ehemaligen Marketingleiter der Rügenwalder Mühle, Godo Röben, Kopfzerbrechen: «Wir hatten so viel Angst vor den Verbrauchern. Der Veganer könnte sagen: Ich kaufe doch nicht beim Fleisch- und Wurstunternehmen, das schlachtet. Und der Stammesser von uns, der Fleisch und Wurstprodukte gegessen hat, der sagt vielleicht: Das ist eine total blöde Marke, die jetzt auch noch vegan macht.» (Quelle: *brand eins*)

Wie ging das Unternehmen mit den antizipierten Black-Hole-Narrativen um? Die Rügenwalder Mühle setzte ganz strategisch auf Transparenz und Kommunikation und integrierte Kritiker:innen frühzeitig in den Produktionsprozess.

Mehr zum Case Rügenwalder Mühle findest Du im dritten Teil des Buches.

Das Beispiel weist den richtigen Weg: Integriere potenziell kritische Menschen in Deine Kommunikation und begegne damit möglichen Black Holes authentisch und transparent.

Schritt 07
Narrative Konstellationen bauen

Schaffe Orientierung für Deinen Weg in die Zukunft

Ganz gleich, welche Kulturen den Sternenhimmel betrachtet haben – alle sahen dort Muster, Figuren und mythische Geschichten. Bis heute haben sich diese Sternbilder überliefert und geben Orientierung am Nachthimmel.

Auch Geschichten und Narrative lassen sich zu Konstellationen verbinden, die Dir Orientierung geben. In diesem Schritt geht es darum, zu erschließen, welche Sterne Dir günstig stehen und wie sie sich verbinden lassen, damit Du ihre Synergieeffekte nutzen kannst. Der hellste Stern in Deiner Konstellation wird zu Deinem Nordstern werden. Er hält Deine Konstellation gedanklich zusammen und leuchtet den Weg in die Zukunft.

Warum brauchen wir überhaupt narrative Konstellationen?

Wer nur einzelne Narrative weitererzählt, ohne erkennbaren Zusammenhang zu seiner Sache, der setzt sich automatisch der Kritik aus, nicht wirklich zu wissen, was er sagt, und Dinge nachzuplappern.

Bei der Entwicklung von narrativen Konstellationen mit Kunden geht es mir daher nicht nur darum, schöne Sätze zu formulieren, sondern zu helfen, ein Storyverse wirklich zu bewohnen, sich das, was darin erzählt wird, zu eigen zu machen und sich am Ende selbst besser zu verstehen und darstellen zu können als vorher.

Dazu ist es immer wichtig, über den eigenen Tellerrand zu schauen. Schau Dir beispielsweise Organisationen, wie die Partei DIE GRÜNEN oder FRIDAYS FOR FUTURE, an. Ihr Erfolg beruht auch darauf, dass sie nicht nur einzelne Botschaften verkünden, sondern die Narrative von Klima- und Umweltschutz geschickt mit anderen Narrativen, zum Beispiel Sozial-, Wirtschafts- und Friedenspolitik, gepaart haben. Damit haben sie ökologische Themen in die Mitte aller Debatten gestellt und der Ökonomie als politischem Nordstern-Narrativ Konkurrenz gemacht.

Welche Narrative geben Deiner Organisation Resonanz?

Narrative Konstellationen

Mit Sparks und Black Holes hast Du schon etliche Narrative einsortiert. Jetzt geht es darum, diejenigen Narrative zu finden, die mittel- und langfristig gut zu Deinen Werten und Zielen passen. Sie sollen in eine Konstellation gebracht werden, die eine plausible und im besten Fall aufregende Geschichte über die Zukunft erzählt.

Das kann je nach Ausgangslage sehr unterschiedlich aussehen: Stell Dir vor, Du leitest ein Familienunternehmen. Dazu passen vermutlich Narrative, die Tradition, Erfahrung, Regionalität, Vertrauen oder Durchhaltevermögen in den Vordergrund rücken. Als Start-up-Gründer:in wirst Du vermutlich eher mit Narrativen wie Innovation oder Disruption arbeiten. Probiere auch überraschende Konstellationen mit Narrativen aus: Konservative Parteien etwa beanspruchen häufig ökologische Themen über das Narrativ der Bewahrung der Schöpfung.

Grüne Verbände erobern umgekehrt ökonomische Themen, indem sie diese in Konstellation mit Zukunftsverantwortung und Nachhaltigkeit stellen.

Eine geschickt gewählte Konstellation kann dazu dienen, erfolgreiche Narrative der Gegenseite für sich in Anspruch zu nehmen. Genauso gut lassen sich damit übrigens Black Holes integrieren. Schau noch mal in die Liste Deiner strategischen Antworten auf die schwarzen Löcher und überlege, welche Du eventuell zum Teil Deiner Konstellation machen kannst!

Je origineller und vielseitiger diese Konstellationen sind, desto besser können sie die Mission Deiner Organisation tragen und dabei helfen, öffentliche Unterstützung für bestimmte Themen zu gewinnen.

07 KONSTELLATION BAUEN

DIE NARRATIVE KONSTELLATION BAUEN FÜR .....

A

Entwickle eine sinnvolle Konstellation aus Narrativen. Verwende dabei die in Schritt 04 entwickelten. Ordne sie so, dass sich ein spannungsreicher Erzählraum ergibt.

B

Benenne den Aspekt, der die meiste Spannung in der Konstellation erzeugt.

WORIN STECKT AM MEISTEN REIBUNG, DIE SPANNUNG ERZEUGT?

WAS IST WIRKLICH STARK?

C

Finde die stärkste Aussage in Bezug zur Konstellation, die zu den Sätzen oben passt.

KONSTELLATION BAUEN

07 KONSTELLATION BAUEN

DIE NARRATIVE KONSTELLATION BAUEN FÜR .....

Milch

Jedes Leben beginnt mit Milch

Tierliche Produkte als Naturprodukte

Lebenselixier, das Dich gedeihen lässt

Natürliche Proteinquelle

Vielfältige Produkt-innovationen entstehen

WORIN STECKT AM MEISTEN REIBUNG, DIE SPANNUNG ERZEUGT?

Wie gehen wir mit den Lebens-mitteln und den Tieren um?

WAS IST WIRKLICH STARK?

Milch ernährt mich und stärkt mich

KONSTELLATION BAUEN

Narrative Konstellationen bauen

Betrachte Deine Sammlung an Narrativen und frage Dich zuerst: Welche dieser Narrative unterstützen Dein Anliegen? Trage sie in die Konstellationen-Karte ein. Schaue noch mal in der Liste der strategischen Antworten auf Black Holes, vielleicht findet sich hier noch das eine oder andere nützliche Narrativ. Wähle mindestens drei bis maximal fünf solcher Narrative.

Ideal wäre, wenn sich zwischen den eingetragenen Narrativen bereits Resonanzen ergeben. Zusammengenommen sollten sie eine authentische und zusammenhängende Story über Dich und Deine Organisation erzählen. Vielleicht fallen Dir hierbei noch ergänzende Stories und Narrative ein, die Du vorher noch nicht in Deiner Sammlung eingetragen hattest. Dann trage auch sie auf der Karte ein.

Manche Narrative steuern zwar etwas Positives zu Deiner Sache bei, passen aber nicht wirklich gut mit anderen zusammen. Bemühe Dich, eine sinnvolle Verbindung zu finden. Gerade überraschende Resonanzeffekte können zur Originalität Deiner Erzählung beitragen. Wollen sie sich gar nicht einpassen, überlege, ob sie als Spark taugen, oder lege sie erst mal zu den nicht priorisierten Narrativen.

Glaubst Du, Du hast bereits ein Narrativ gefunden, das stark genug ist, um Dein Nordstern zu werden? Dann begib Dich in die Experimentierphase und versuche, die verschiedenen Narrative in eine Reihenfolge zu bringen, wobei Du Deinen Nordstern jeweils an die Spitze stellst.

- Welche Konstellation spannt am besten den strategischen Raum auf, in dem Du dich bewegen willst?
- Welches Narrativ könnte stark genug sein, dass sich alle anderen an ihm orientieren?
- Welches Narrativ könnte einen Höhepunkt bilden oder könnte sich als Leitmotiv eignen?

Stell Dir vor, Du leitest das Wahlkampfbüro der GRÜNEN. Es gibt viele Narrative, die Deine Partei umkreisen. Geschichten aus der Vergangenheit: «Von der Bewegung zur Partei». Es gibt eine junge weibliche Kanzlerkandidatin, Vorschläge zu neuen Beteiligungsformen und eine andere Art, Politik zu denken, und schließlich natürlich Dein Kernthema: die Umwelt- und Klimapolitik.

Du hast von hier aus viele Möglichkeiten, in Deinen Wahlkampf zu starten. Zum Beispiel mit einem Heldinnen-Narrativ als Nordstern, das Deine Kanzlerkandidatin in den Vordergrund rückt und alles andere aus ihrer Perspektive zeigt. Das würde Deinen Anspruch als große Partei mit Führungsanspruch unterstreichen.

Du könntest aber auch einen eher nostalgischen, nach innen auf das eigene Klientel gerichteten Wahlkampf machen, indem Du auf Deine Wurzeln verweist und die Basis befriedigst. Alle anderen Ziele würdest Du aus Deiner Geschichte und Deinem Basisprogramm ableiten. So hast Du immerhin schon viele Kommunalwahlen und Direktmandate gewonnen.

Du könntest schließlich einen Wahlkampf machen, der verspricht, das politische System umzukrempeln, weil Du denkst, alle anderen Punkte, die für Dich entscheidend sind, hängen von einem Systemwandel politischer Beteiligungsformen ab – das war außerdem schon Ende der 1990er erfolgreich, als eine ähnliche Umbruchstimmung in der Luft lag.

Aber vielleicht ist es jetzt wirklich Zeit, ein für alle Mal die Klimafrage in den Vordergrund zu rücken. Akute Umweltkatastrophen verleihen dem Anliegen konkrete Sichtbarkeit und geben Dir während des Wahlkampfes genug traurige Anlässe, die Relevanz Deines Ziels zu kommunizieren. Die Wähler:innen scheinen auf breiter Ebene dazu bereit, für das Klima auf Komfort zu verzichten. Außerdem zeichnet sich ein Black Hole ab, dem Du begegnen musst: Andere Parteien beginnen, Dein Kernthema für sich zu beanspruchen und Dir Konkurrenz zu machen. Was also, wenn Du gerade jetzt das Klima zum Nordstern und daraus eine authentische Erzählung machst, die den politischen Führungsanspruch Deiner Partei in den Vordergrund rückt?

Das Ergebnis dieser Arbeit wird eine Art narratives Statement sein, das auf den Nordstern fokussiert und von ihm beleuchtet wird. Und damit sind wir schon fast im nächsten Schritt.

07 KONSTELLATION BAUEN

DIE NARRATIVE KONSTELLATION BAUEN FÜR .....

Bündnis 90/Die Grünen

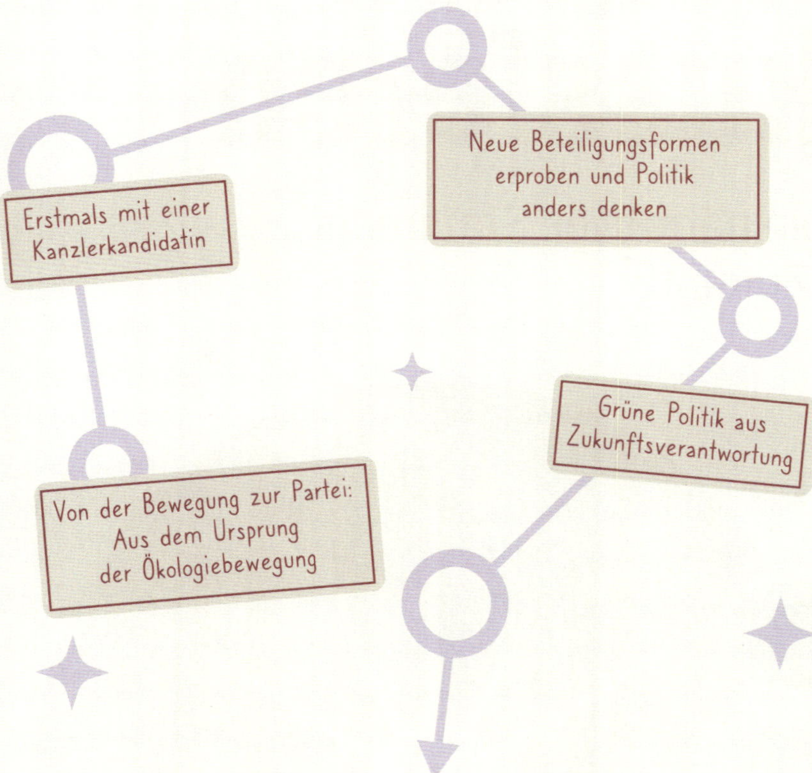

WORIN STECKT AM MEISTEN REIBUNG, DIE SPANNUNG ERZEUGT?

In der Kanzlerkandidatur

WAS IST WIRKLICH STARK?

Klimapolitische Kompetenz

KONSTELLATION BAUEN

Schritt 08
Nordstern fokussieren

Finde ein narratives Statement für die Zukunft

Die Sternenkonstellationen, die wir am Himmel beobachten, geben nicht nur Orientierung. Sie erzählen auch Geschichten – zum Beispiel von Orion, dem Sohn Poseidons, der von seinem Vater geblendet Richtung Osten zur Morgenröte wandert. Oder Kassiopeia, die wegen ihrer Eitelkeit von den Göttern bestraft wurde und als Sternbild am Himmel in der Nähe des Seeungeheuers (dem Sternbild Wal) liegt, das der Meeresgott ihr an den Hals schickte.

Wer die Konstellationen kennt, kann diese Geschichten in Worte fassen und andere damit überzeugen.

Der Nordstern ist ein Klassiker des Strategiedenkens. Im Storyverse wird er ebenfalls zur Zielmarke und zum Sehnsuchtsort.

In diesem Schritt geht es also nicht mehr nur darum, einzelne Narrative zu erzählen – je nachdem, was gerade passt –, sondern die Konstellationen, die Du im vorherigen Schritt zusammengestellt hast, auf den Nordstern hin zuzuspitzen und in ein narratives Statement umzuwandeln, das andere überzeugt.

Das Ergebnis muss keine große Literatur sein. In seiner Rohform wirst Du es vielleicht gar nicht gebrauchen können – aber es bildet den argumentativen und emotionalen Kern, mit dem Du Dein Projekt anderen mitteilst.

Wie genau Du Dein Narrativ artikulierst und je nach Spielfeld kommunikativ aktivierst, erfährst Du dann im letzten Schritt.

Nordstern und Narratives Statement

Glückwunsch! Du bist schon sehr weit in Dein Storyverse vorgedrungen. Mit Sicherheit hast Du während der Geschichtensammlung mehr über Dich, Deine Organisation und ihr Umfeld erfahren, als Du gedacht hast. Du hast diese Geschichten zu Narrativen verdichtet, über ihre strategischen Hintergründe nachgedacht und die Erzählungen, die Dir am günstigsten erschienen, in einen Flow gebracht und zu einer Konstellation zusammengestellt. Dein Nordstern erleuchtet nun langsam an deinem Soryverse Himmel.

Eine der wichtigsten Botschaften und auch Empfehlungen dieses Buches ist, dass es einfacher und genauer ist, ein Nordstern-Narrativ aus einer gut sortierten Konstellation herauszuentwickeln, anstatt zu versuchen den einen singulären und einmaligen Satz des Jahrhunderts zu erfinden. Es ist besser, eine Geschichte mit einem Flow entspinnen zu lassen, die auf einen strategisch herausgearbeiteten Punkt zuläuft.

Im Rahmen des achten und eines entscheidenden Schritts in deiner Reise nimmst Du deshalb das Ergebnis von Schritt sieben zur Hand: Die narrative Konstellation, hier abgebildet am Beispiel des grünen Bundestagswahlkampfes. Ich empfehle, aus der narrativen Konstellation heraus ein favorisiertes Leitthema so zu formulieren, dass es ungewöhnlich und doch zeitlos zukünftig klingt, damit es nicht nach kurzer Zeit verpufft, sondern für dich lange verwendbar ist. Bei Bündnis 90/DIE GRÜNEN steht das Leitthema Klimawandel im Mittelpunkt, so könnte hier das Nordstern Narrativ der GRÜNEN auch «Alle Politik ist Klimapolitik» lauten.

Eine weitreichende Behauptung die ein berühmtes Narrativ des ehemaligen US-Präsidenten Bill Clinton ersetzt, der gesagt hat «It's the ecomomy, stupid» und damit auf saloppe Art und Weise mitteilte, dass alle Politik nur dann erfolgreich sein kann, wenn der wirtschaftliche Erfolg und die Prosperität eines Landes gegeben sind. Das Grüne Motiv setzt dagegen bewusst Zukunftsprioritäten, die weit über das rein Ökonomische hinausgehen.

Es geht also darum, das narrative Statement auszuformulieren, mit dem Du andere in Zukunft für Deine Sache gewinnen willst.

Übertrage dafür die Narrative aus der Konstellation 07 in die Karte 08. Und formuliere bereits so, dass sich daraus ein flüssiger Text ergibt. Dabei kommt den Narrativen eine Schlüsselrolle zu, die Du als wirklich stark und als die meiste Reibung erzeugend ausgemacht hast.

08 NARRATIVES STATEMENT FORMULIEREN

STATEMENT FORMULIEREN

Für eine ○Rede ○Manifest ○Statement ○Website ○Film ○offene

an: ....

KONSTELLATIONS-NARRATIV A

KONSTELLATIONS-NARRATIV B

KONSTELLATIONS-NARRATIV C

KONSTELLATIONS-NARRATIV D

KONSTELLATIONS-NARRATIV E

NORDSTERN-NARRATIV: ....

ABSENDER: ....

CLAIM: ....

A

Formuliere die Narrative Konstellation in zusammenhängenden Sätzen zu einem Statement. Achte besonders darauf, mit welchen Argumenten Du die einzelnen Narrative verbinden willst.

B

Das Statement sollte auf das Nordstern Narrativ zulaufen und den Absender nennen.

D

Das Statement kann auf einen Claim zulaufen, ein besonderes Wort oder Argument beinhalten oder hervorheben, welches plakativ in Erinnerung bleibt.

NORDSTERN-NARRATIV ENTWICKELN

07 KONSTELLATION BAUEN

KONSTELLATION BAUEN

DIE NARRATIVE KONSTELLATION BAUEN FÜR …

Bündnis 90/Die Grünen

Erstmals mit einer Kanzlerkandidatin

Neue Beteiligungsformen erproben und Politik anders denken

Grüne Politik aus Zukunftsverantwortung

Von der Bewegung zur Partei: Aus dem Ursprung der Ökologiebewegung

WORIN STECKT AM MEISTEN REIBUNG, DIE SPANNUNG ERZEUGT?

In der Kanzlerkandidatur

HIER DAS NORDSTERN-NARRATIV EINTRAGEN

08 NARRATIVES STATEMENT FORMULIEREN

STATEMENT FORMULIEREN

Für eine ◯ Rede ☒ Manifest ◯ Statement ◯ Website ◯ Film ◯ offenen Brief

an: Den Parteitag für das Wahlprogramm

KONSTELLATIONS-NARRATIV A

Wir haben uns aus der Ökologiebewegung entwickelt und stehen wie keine andere Partei für Klimakompetenz

KONSTELLATIONS-NARRATIV B

Wir haben neue Politikformen erprobt und etabliert, erfolgreich für eine demokratischere Gesellschaft gesorgt

KONSTELLATIONS-NARRATIV C

Angesichts des Klimawandels, der bedrohlich zunimmt, geht es heute darum, Zukunftsverantwortung zu übernehmen. Weil Zukunft uns alle betrifft

KONSTELLATIONS-NARRATIV D

Deshalb stellen wir als Grüne zum ersten Mal in unserer Geschichte eine Kanzlerkandidatin, die diesen Wandel verkörpert and anführt

KONSTELLATIONS-NARRATIV E

Für eine bessere, menschlichere Perspektive aller

NORDSTERN-NARRATIV: Alle Politik ist Klimapolitik

ABSENDER: Bündnis 90/Die Grünen

CLAIM: Wir sind bereit, weil ihr es seid!

NORDSTERN-NARRATIV ENTWICKELN

08 DEIN NORDSTERN-NARRATIV

DEIN NORDSTERN-NARRATIV

DEIN NORDSTERN-NARRATIV ALS AUSFORMULIERTES STATEMENT

DEIN NORDSTERN AUF DEN PUNKT GEBRACHT

08 DEIN NORDSTERN-NARRATIV

DEIN NORDSTERN-NARRATIV

DEIN NORDSTERN-NARRATIV ALS AUSFORMULIERTES STATEMENT

▼

«Wir haben uns aus der Ökologiebewegung entwickelt und stehen wie keine andere Partei für Klimakompetenz. Wir haben neue Politikformen erprobt und etabliert, erfolgreich für eine demokratischere Gesellschaft gesorgt. Angesichts des Klimawandels der bedrohlich zunimmt geht es heute darum, Zukunftsverantwortung zu übernehmen.
Weil Zukunft uns alle betrifft. Deshalb stellen wir GRÜNE zum ersten Mal in unserer Geschichte eine Kanzlerkandidatin, die diesen Wandel verkörpert und anführt.
Für eine bessere, menschlichere Perspektive aller, denn ... »

DEIN NORDSTERN AUF DEN PUNKT GEBRACHT

▼

Alle Politik ist Klimapolitik!

Verständlichkeit

- ☐ Fühlt sich Dein Statement richtig an, wenn Du es Dir selbst erzählst? Können Menschen es ohne oder mit wenig Vorwissen verstehen?
- ☐ Berührt Dein Statement Alltagserfahrungen der Menschen? Enthalten Deine Argumente ein Element der Überraschung oder Neuheit, das inspirieren oder faszinieren kann?

Plausibilität

- ☐ Ist Dein Statement plausibel?
- ☐ Spricht es ein dringendes Bedürfnis oder einen aktuellen Wandel an? Spricht es Aspekte des externen Umfelds Deines Unternehmens an, einschließlich Markt- und Technologieveränderungen?
- ☐ Spricht Deine Erzählung einen Wandel oder eine Veränderung an, die realisierbar erscheint?

Kohärenz

- ☐ Ist Dein Statement logisch konsistent?
- ☐ Berücksichtigt es die vorhandenen Ressourcen und Fähigkeiten Deines Unternehmens?
- ☐ Verbindet Dein Statement Vergangenheit, Gegenwart und Zukunft Deines Unternehmens auf eine Weise, die Sinn macht?
- ☐ Bietet es einen Blick in die Zukunft, der mit dem Verständnis der Vergangenheit Deines Unternehmens und Deinem Anliegen in der Gegenwart in Einklang gebracht werden kann?

Integration

- ☐ Findet dieses Narrativ bei allen (oder zumindest den meisten der wichtigsten) Interessengruppen im Unternehmen Anklang?
- ☐ Hat Dein Statement das Potenzial, die Menschen in Deiner Organisation zusammenzubringen?
- ☐ Ist es in der Lage, Interessenkonflikte auf sinnvolle Weise zu formulieren?
- ☐ Ermöglicht Dein Narrativ den Stakeholdern, sich ein besseres Bild von der Zukunft zu machen?

Unterscheidung

- ☐ Kann dieses Narrativ in breitere gesellschaftliche Narrative eingebettet werden?
- ☐ Bietet dieses Narrativ Deiner Organisation oder Deinem Unternehmen einen unverwechselbaren Wettbewerbsvorteil?
- ☐ Bietet dieses Narrativ eine angemessene Antwort auf die Handlungen der Wettbewerber und deren Narrative?

Das Narrative Sky-Modell: Dein Ergebnis

Trage jetzt Dein gefundenes Nordstern-Narrativ in die Narrative Sky-Map ein – mit Deinem Claim.

Sofern alle anderen Elemente ausgefüllt sind, wäge ab: Passt der Gesamteindruck? Ist dieser spannungsreich und rund zugleich? Repräsentiert das Nordstern-Narrativ im Resonanzraum des Narrativen Sky-Modells eine tragfähige und anschlussfähige Zukunftsstrategie?

Checkliste für Dein Narratives Statement

Wie schon erwähnt, geht es in diesem Stadium noch nicht um den letzten Feinschliff in der Formulierung. Dennoch sollte Dein Statement einigen Kriterien genügen, damit Du es später erfolgreich ausformulieren und aktivieren kannst.

Ich habe Dir hier eine Checkliste mit den wichtigsten Punkten zusammengestellt. Nicht jedes Statement wird allen Kriterien hundertprozentig gerecht werden. Das ist auch gar nicht nötig. Aber je mehr Punkte Du abhaken kannst, umso besser!

07 KONSTELLATION BAUEN

DIE NARRATIVE KONSTELLATION BAUEN FÜR ...

▼

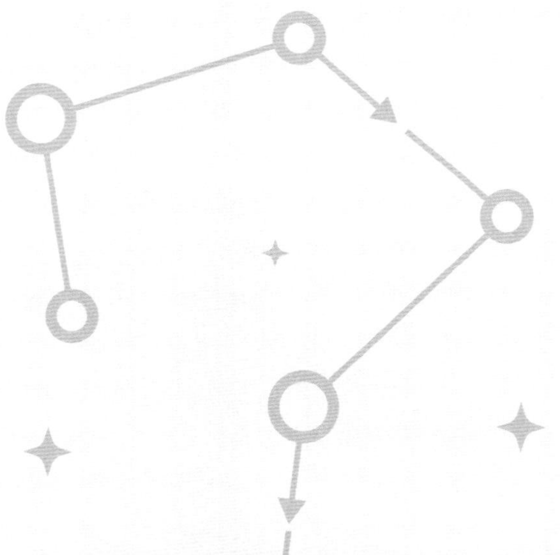

WORIN STECKT AM MEISTEN REIBUNG, DIE SPANNUNG ERZEUGT?

WAS IST WIRKLICH STARK?

NARRATIVES SKY-MODELL

Trage jetzt Deine Konstellation und Dein Nordstern-Narrativ zusammen mit Deinem Claim in die Narrative Sky-Map ein.

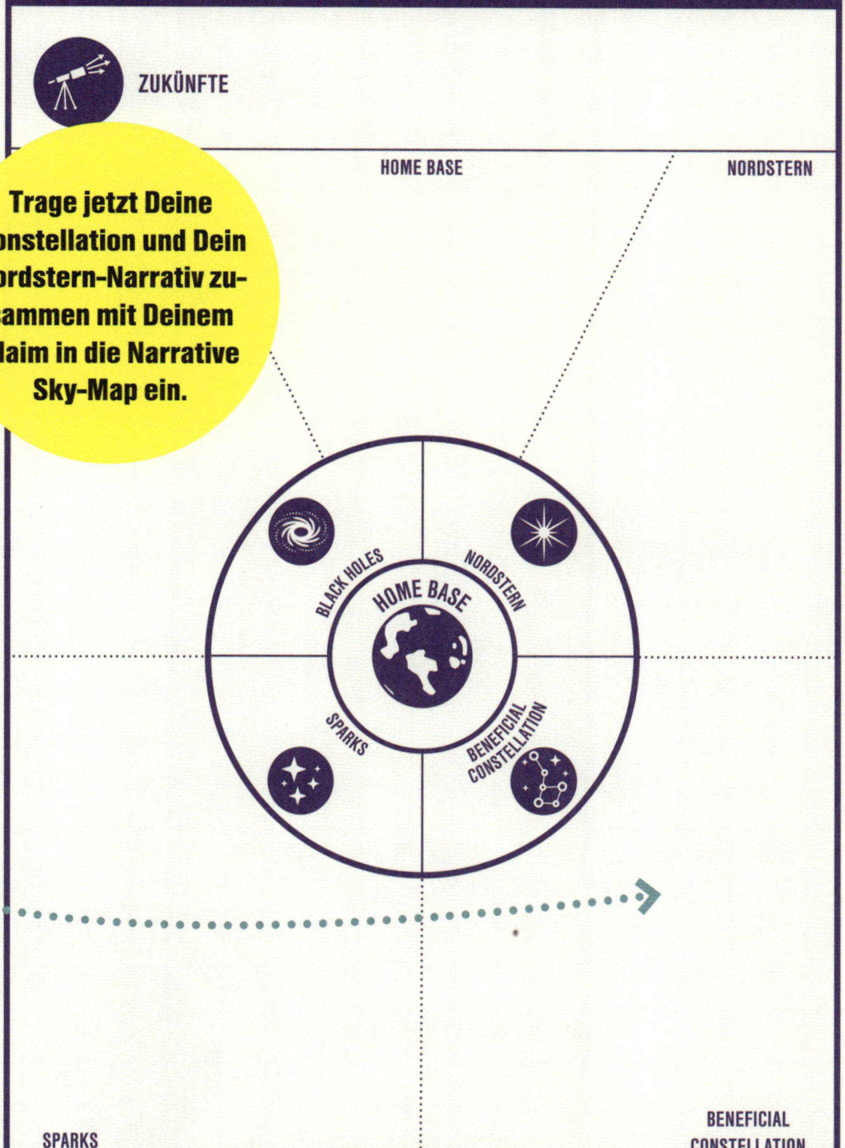

07 KONSTELLATION BAUEN

DIE NARRATIVE KONSTELLATION BAUEN FÜR .....

Bündnis 90/Die Grünen

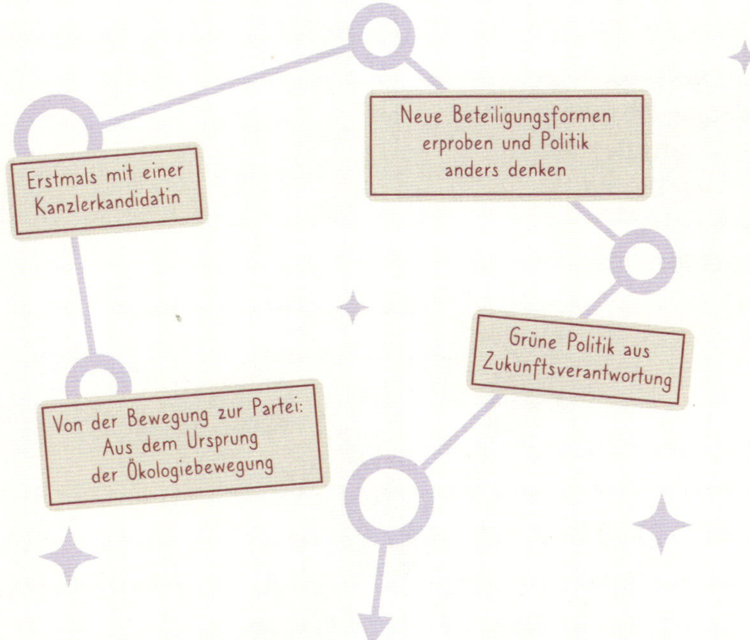

WORIN STECKT AM MEISTEN REIBUNG, DIE SPANNUNG ERZEUGT?

In der Kanzlerkandidatur

WAS IST WIRKLICH STARK?

Klimapolitische Kompetenz

NARRATIVES SKY-MODELL

Bündnis 90/Die Grünen

ZUKÜNFTE

Den Klimawandel aufhalten

Die Kanzlerin stellen

BLACK HOLES

Seit Currywurst Verbotspartei

Rotation und Doppelspitze sind nicht regierungsfähig

Seit Lastenfahrrad Klientelpartei

Aktivisten nicht

Seit alle Klimapolitik machen, ist es nichts anderes mehr

HOME BASE

«In einer Zeit, in der man sich immer mehr zusammentun muss, macht grüne Politik aufgrund ihrer Pluralität und ihrer Werte den Unterschied für einen Planeten, der allen ein Leben in Würde und Freiheit ermöglicht.»

NORDSTERN

Alle Politik ist Klimapolitik

Bereit, wenn Ihr es seid

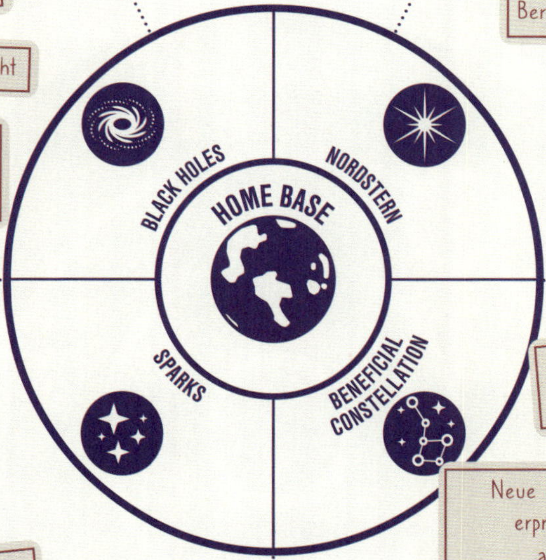

SPARKS

Ahrtalflut zeigt Klimakrise

BENEFICIAL CONSTELLATION

Erstmals mit einer Kanzlerkandidatin

Neue Beteiligungsformen erproben und Politik anders denken

Grüne Politik aus Zukunftsverantwortung

Von der Bewegung zur Partei: Aus dem Ursprung der Ökologiebewegung

Schritt 09
Umlaufbahn planen

Wo und wem Du Deine Zukunft vermitteln willst

«Wie erwecke ich meine Nordstern-Erzählung zum Leben?», wirst Du Dich wahrscheinlich fragen. Das Werkzeug dazu ist die Aktivierungsmatrix. Es handelt sich um ein Modell, das Dich bei der Entwicklung einer Strategie für die Aktivierung Deines Nordstern-Narrativs mit verschiedenen Interessengruppen unterstützt.

Mache Dir deutlich, dass ein Nordstern-Narrativ nicht notwendigerweise explizit kommuniziert werden muss. Vielleicht hilft Dir Dein gefundenes Narrativ ausschließlich für Deine nächsten strategischen Schritte – und muss nicht von anderen gehört werden. Falls Du jedoch planst, Deine Geschichte anschlussfähig zu kommunizieren, solltest Du Dir folgende Fragen stellen:

- An wen möchtest Du Dein gefundenes Narrativ richten? Wie muss es angepasst werden, um einzelne Zielgruppen zu erreichen? Welche inhaltliche Zuspitzung ist nötig?
- In welchen Formaten kann und soll es sichtbar oder transportiert werden? Vielleicht kannst Du Deinen Nordstern auf ein prägnantes Wort herunterbrechen? Als Hashtag verbreiten, als Rede oder als Kampagne?
- Welche konkreten Situationen oder Events stehen in Deinem Terminkalender? Welche Stakeholder werden dort präsent sein? Wen gilt es zu überzeugen, wen zu motivieren und wen zu beruhigen, um mögliche Konfliktsituationen zu entschärfen? Wie könntest Du in diesen Kontexten Deine Organisation und Dein Nordstern-Narrativ erfolgreich kommunizieren?

Die Arbeit mit der Aktivierungsmatrix umfasst zwei Schritte:

- Erstens erstellst Du eine Übersicht über die Adressat:innen, die Du mit Deiner Erzählung innerhalb und außerhalb Deiner Organisation erreichen willst.
- Zweitens richtest Du Dein Nordstern-Narrativ so aus, dass es zu den ausgewählten Stakeholdern und kommunikativen Spielfeldern passt.

Erst durch die kommunikative Aktivierung machst Du Dein Nordstern-Narrativ nach außen verständlich und anschlussfähig.

09 AKTIVIERUNGSMATRIX

NORDSTERN-NARRATIV:

A

Schreibe zuerst Deine wesentlichen Stakeholder in den inneren Kreis.

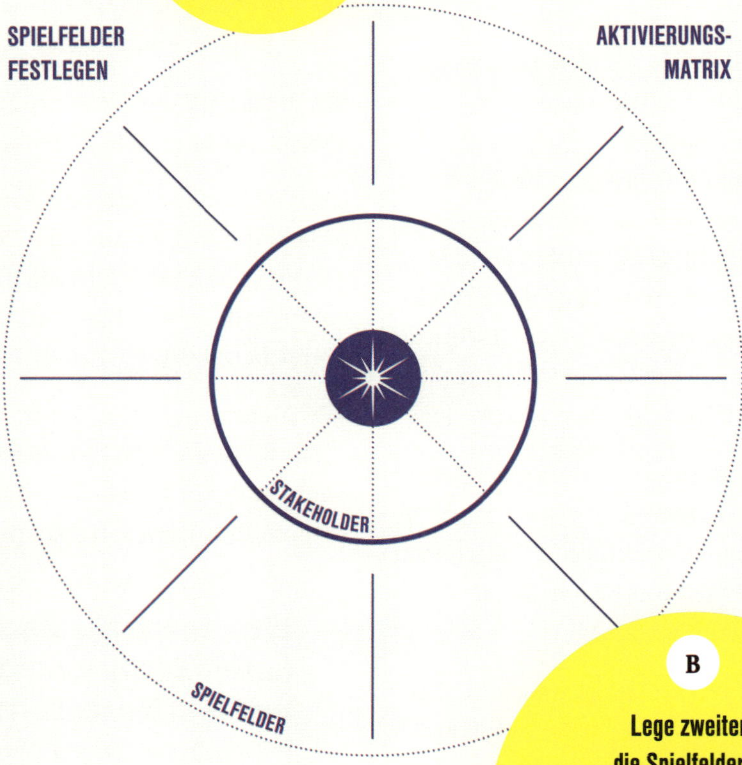

B

Lege zweitens die Spielfelder für Deine Kommunikation fest, abhängig von Deinen jeweiligen Stakeholdern. Schreibe sie in den zweiten Kreis. Falls Dir Spielfelder fehlen, ergänze sie.

Stakeholder

Je nachdem, mit wem Du kommunizierst, wirst Du den Fokus Deines Nordstern-Narrativs anpassen.

Zum Beispiel würde die Chefetage von Rügenwalder Mühle eine andere Rahmengeschichte wählen, wenn sie ihren Mitarbeitenden die Zukunftsgeschichte des Unternehmens vermitteln wollte, als den Kunden gegenüber, die Rügenwalder-Mühle-Produkte im Supermarkt kaufen.

Wenn Du Dein Nordstern-Narrativ Deinen Mitarbeiter:innen kommunizieren willst, wirst Du sicherlich einen kommunikativen Rahmen wählen, der die Menschen Deines Unternehmens in den Vordergrund rückt. Der ihre Beziehung zum Nordstern-Narrativ hervorhebt. Richtest Du Dich hingegen an Investor:innen, wird Dein Nordstern-Narrativ als Pitch eine andere Form annehmen und in einer anderen Rahmung sichtbar werden. Bei möglichen Skeptiker:innen wird es darauf ankommen, Kritik vorwegzunehmen, oder im besten Fall: die Kritiker:innen in das Gespräch zu integrieren. Du kannst Dein auf Nachhaltigkeit ausgerichtetes Nordstern-Narrativ zum Beispiel mit Klimaschützern gemeinsam entwickeln. Fans und Follower könntest Du mit einem Hashtag zur Kokreation und weiterführenden Kommunikation Deines Nordstern-Narrativs bewegen.

Beachte also eine gute **Passung** zwischen unterschiedlichen Aspekten Deines Narrativs und Deinen jeweiligen Stakeholder-Gruppen. Idealerweise führt das dazu, dass Deine Nachricht bei ihnen auf offene Ohren stößt.

Es kommt darauf an, mit wem Du sprichst.

In der Mitte der Aktivierungsmatrix befindet sich Dein Nordstern-Narrativ, umgeben von einem Kreis, in dem die wichtigen Stakeholder genannt werden. Im nächsten Kreis sind kommunikative Spielfelder aufgeführt.

09 AKTIVIERUNGSMATRIX

NORDSTERN-NARRATIV:

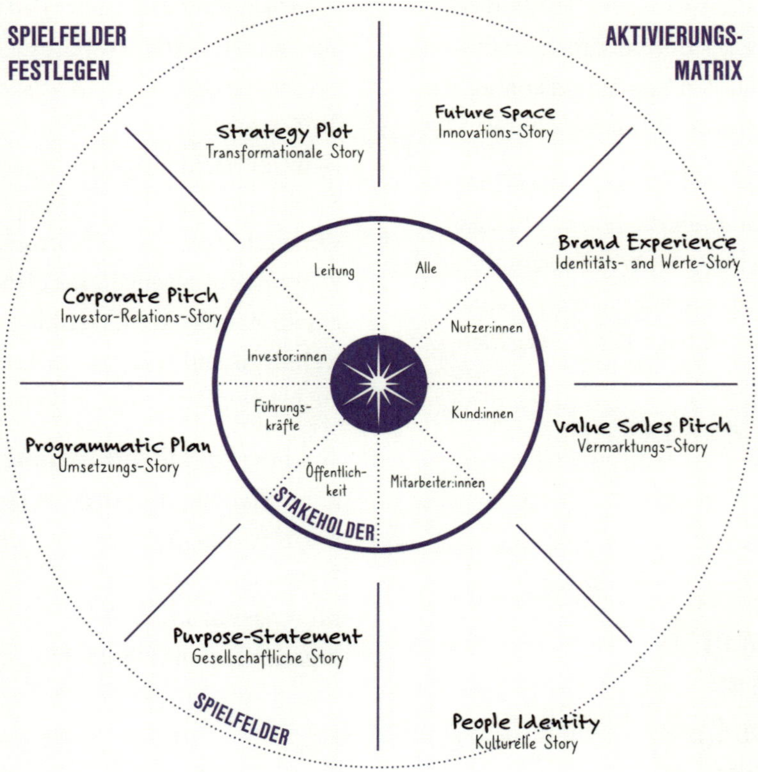

09 AKTIVIERUNGSMATRIX

NORDSTERN-NARRATIV: ESSEN STIFTET GEMEINSCHAFT

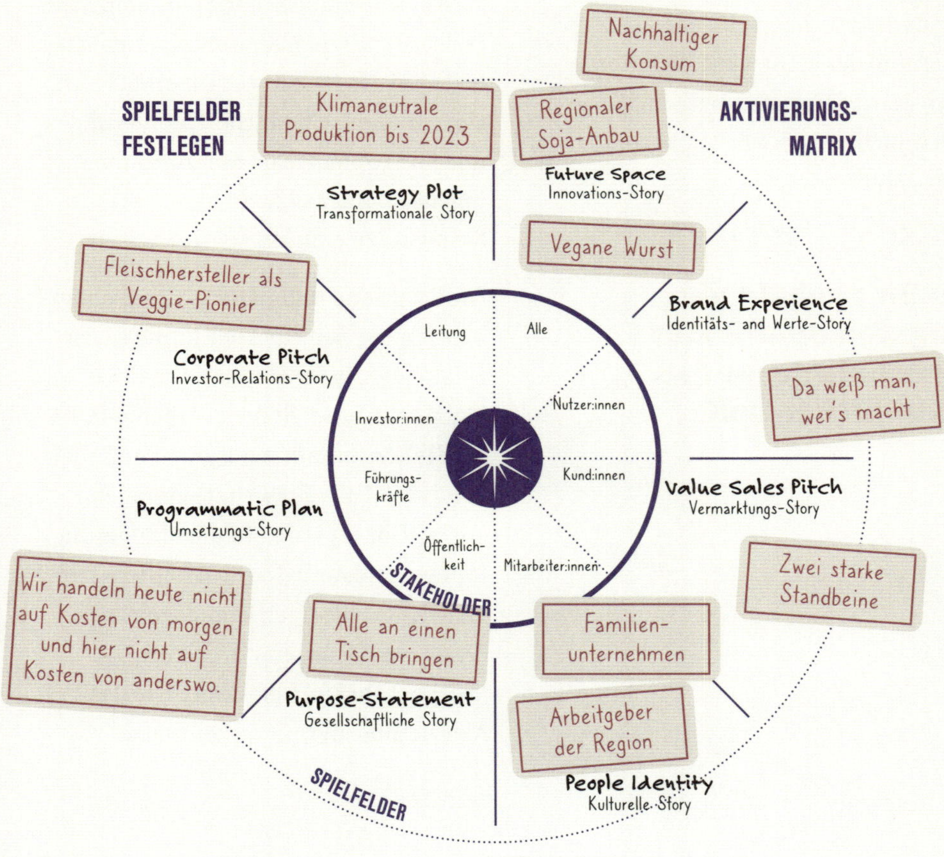

Spielfelder

Das Nordstern-Narrativ steht für einen beständigen und tragfähigen Erzählkern. Jedoch werden Deine Stories und Deine Tonalität variieren, abhängig vom jeweiligen Kommunikationskontext und den Menschen, mit denen Du kommunizierst. Du wirst Dein Nordstern-Narrativ erwartungsgemäß nach Situation und Strategie anpassen müssen.

Schau Dir deshalb die wichtigsten Spielfelder an, innerhalb derer das Narrativ wirken soll.

Dazu gehören unterschiedliche Typologien von Stories, die für bestimmte Stakeholder-Gruppen relevanter sind als für andere. Indem Du Dein Narrativ innerhalb verschiedener Spielfelder durchspielst, gewinnst Du an kommunikativer Souveränität und Sprechfähigkeit. In der praktischen Kommunikationsarbeit wird das Narrativ es Dir erleichtern, agil auf unterschiedliche Anforderungen und Situationen reagieren zu können und mit Deinen Stakeholdern höchste Resonanz zu erzielen.

Die Erfahrung zeigt, dass es unterschiedliche Kategorien von kommunikativen Spielfeldern gibt. Wir haben in dieser Matrix einige Spielfelder vorbereitet, die für die Kommunikationsarbeit entscheidend sind. Falls Dir weitere einfallen, ergänze diese gerne. Für die Aktivierung Deines Nordstern-Narrativs hilft es Dir vielleicht, diejenigen kennenzulernen, denen wir bei unserer Arbeit oft begegnet sind und die deshalb in der Aktivierungsmatrix vorkommen.

Zukunftsstory

Die häufigsten Geschichten, mit denen wir zu tun hatten, sind Zukunftsnarrative. Sie befassen sich mit der Frage, worauf eine Organisation oder ein Projekt hinarbeitet, und artikulieren eine Zukunft. Anstatt lediglich ein strategisches Ziel zu formulieren, machen diese Stories den Zukunftshorizont eines Unternehmens greifbar, vor dem diese Ziele zu leuchten beginnen.

Solche Geschichten können konkrete Zukunftsszenarien beinhalten, die die strategischen Ziele eines Unternehmens veranschaulichen und die kollektive Vorstellungskraft eines Unternehmens zum Ausdruck bringen.

Starke Narrative mit Zukunftsbezug finden sich oft in der Parteienlandschaft und ganz besonders bei der Partei Bündnis 90/DIE GRÜNEN. Die Zukunft ist klar formuliert: Erstens Regierungspartei bleiben und eine:n grüne:n Bundeskanzler:in stellen. Und zweitens Deutschland als Vorreiter in Sachen Ökologie und Nachhaltigkeit für die Zukunft zu positionieren.

Gründungsstory

Eine andere Art von Geschichten, die sich fast in allen Unternehmen, mit denen wir gearbeitet haben, wiederfindet, sind Gründungsgeschichten. In der Regel handelt es sich dabei um eine Sammlung von Geschichten über die Anfänge des Unternehmens. Meistens sind Unternehmen bereits recht gut darin, diese Geschichten zu erzählen. Oftmals hat ein:e charismatische:r Gründer:in oder eine Gruppe von Gründer:innen eine Idee oder geht ein Risiko ein, das zur Gründung eines Unternehmens führt. Diese Geschichten vermitteln üblicherweise eine Reihe von Werten oder eine gewisse Haltung. Aktivierst Du sie richtig, können sie Deinem Nordstern-Narrativ starke Resonanz verleihen.

Die Gründungsgeschichte von Apple ist so eine Resonanzerzählung und heute geradezu ikonisch geworden. Wie wir wissen, wurde das Unternehmen von Steve Jobs, Steve Wozniak und Ron Wayne in der Garage von Jobs' Elternhauses gegründet.

Programmatische Story

Während sich Zukunftsstories mit der nahen oder fernen Zukunft befassen, konzentrieren sich programmatische Stories auf die Gegenwart. Genauer gesagt erzählen sie von den aktuellen Herausforderungen, denen ein Unternehmen oder eine Organisation gerade gegenübersteht. Die Protagonisten solcher Geschichten können Führungskräfte, Kunden oder Mitarbeiter:innen sein, die mit einem bestimmten Problem konfrontiert sind. Sie sind sehr wirksam, um aktuelle Herausforderungen eines Unternehmens zu beschreiben, und werden in der Praxis oft mit Zukunftsstories kombiniert. Beide entfalten ihr volles Potenzial, wenn sie auf ein übergreifendes Nordstern-Narrativ abgestimmt sind.

Als Beispiel könnte der Automobilhersteller Ferrari dienen. Dieses traditionsreiche Unternehmen steht heute vor der Frage, wie es sein Produkt, nämlich zeitlose Luxusikonen, in einer sich im Wandel befindenden Welt positioniert, ohne seine Programmatik und Werte aufzugeben.

Purpose Story

Wie der Name schon sagt, erzählen Purpose-Stories vom großen Warum einer Organisation: Warum tun wir, was wir tun? Purpose-Statements kursieren schon lange in Unternehmen, oft aber bleiben sie eher abstrakt und austauschbar. Häufig investieren Unternehmen viel Zeit und Ressourcen in die Entwicklung und Verfeinerung eines Purpose-Statements, aber versäumen, dieses durch entsprechende Purpose-Stories zu aktivieren. Um den Purpose Deines Unternehmens mit Leben zu füllen, sollte dies unbedingt geschehen.

Rügenwalder Mühle etwa hat es sich zum Ziel gesetzt, qualitativ hochwertige Wurst herzustellen, ob sie nun aus Pflanzen oder aus Fleisch ist. Damit ist der Purpose klar formuliert: alle an einen Tisch bringen.

Culture Story

Eine spannende Entwicklung bei Unternehmen ist ihr wachsendes Bewusstsein für die Wichtigkeit von Unternehmenskultur. Es gibt Firmen, die für ihre Unternehmenskultur fast so bekannt sind wie für ihre Produkte. Anders als bei Purpose-Narrativen geht es hier nicht um das Warum, sondern um das Wie, welches ein Unternehmen prägt. Solche Culture-Stories sind das ideale Mittel, Dein Nordstern-Narrativ in Deinem eigenen Unternehmen zu verbreiten und Wurzeln schlagen zu lassen.

Zum Beispiel setzt IKEA auf informelle Umgangsformen, Demokratisierung ihrer Produkte und flache Hierarchie innerhalb des Unternehmens. Der Fokus der Unternehmenskultur liegt eindeutig auf Kompromissbereitschaft und Harmonie. So gibt es ein immaterielles Belohnungssystem für die Mitarbeitenden und Arbeitsbedingungen, die mit diversen Familien- und Lebensrealitäten vereinbar sind.

People Story

Eine weitere wichtige Art von Geschichten für die Aktivierungsmatrix sind die bereits erwähnten People-Stories. Diese Geschichten handeln von Menschen, die ein Unternehmen oder eine Organisation ausmachen: die Mitarbeiter:innen, die Teams, die Gemeinschaft. Sie befassen sich in der Regel mit der Frage: Was ist das Besondere an uns, den Menschen im Unternehmen? Diese Geschichten kursieren in Organisationen mit und ohne narrative Strategien. Sie können zu einer echten Bereicherung und einem wichtigen Teil jeder Aktivierung von Erzählungen werden, wenn sie auf die richtige Weise gefördert, angesprochen und verwaltet werden.

Insbesondere das schwedische Unternehmen Spotify setzt auf eine starke People-Story. Bei Spotify hat sich aus der Anwendung verschiedener agiler Arbeitsmethoden ein ganzes Organisationsmodell entwickelt. Es wird heute allgemein als das Spotify-Modell bezeichnet. Die Organisation teilt sich in Squads, Chapters, Tribes und Guilds. Dadurch hat Spotify eine einzigartige Arbeitsorganisation etabliert und gleichzeitig die Mitarbeiter:innen ins Zentrum ihrer Erzählung gestellt.

Nachhaltigkeitsstory

Eine relativ neue Art von Narrativen wird in vielen Organisationen zunehmend zum Standard: Nachhaltigkeits-Geschichten. Diese Geschichten stellen den Beitrag eines Unternehmens und seiner Aktivitäten zur ökologischen Nachhaltigkeit und zum Aufbau einer nachhaltigeren Welt in den Vordergrund.

Obwohl die meisten Unternehmen das Bedürfnis nach Nachhaltigkeits-Geschichten seitens der Mitarbeiter:innen oder Kund:innen bereits kennen, habe ich in meiner Arbeit gesehen, dass es noch ein großes Potenzial für die Verfeinerung und Aktivierung dieser Narrative gibt.

Gute Nachhaltigkeits-Geschichten erzählen zum Beispiel Bündnis 90/ DIE GRÜNEN. Seit ihrer Gründung setzt sich diese Partei für den Menschen und seine Umwelt ein. Eine wirksame Nachhaltigkeitsstory kann hier auch die Gründungsgeschichte sein. Wenn man DIE GRÜNEN danach fragen würde, könnte dies die Antwort sein: «Wir sind geboren aus der Anti-Atomkraft-Bewegung».

Impact Story

Ein interessantes und oft unterschätztes Genre von Geschichten, auf die wir gestoßen sind, beschreibt, wie ein Unternehmen das tägliche Leben verschiedener Menschen beeinflusst oder welchen Einfluss es auf gesellschaftliche oder ökologische Prozesse nimmt. Selbst sehr spezialisierte Unternehmen können damit ihr Nordstern-Narrativ in eine wirksame und zugängliche Story verpacken. Wenn es Dir gelingt, die Bedeutung und Wirkung Deiner Mitarbeiter:innen für diesen größeren Impact zu erzählen, wird daraus eine gute People-Story.

Zum Beispiel könnte man sich ein Unternehmen vorstellen, das sich auf Transport und Logistik konzentriert. Um die Ziele des Unternehmens zu erreichen, ist das Element mit der höchsten Wirksamkeit aber nicht das Produkt oder das Transportmittel, sondern vielmehr die Menschen und Mitarbeiter:innen – also letztlich das kollektive Potenzial, das dafür sorgt, dass die Ziele erreicht werden. Die Menschen, die jeden Tag den Unterschied machen und das Transportunternehmen zu dem machen, was es ist.

Formate finden, um Narrative auszuspielen

Manche, die eine Sache kommunizieren, nutzen dafür ein Grundmedium. Ich meine jetzt nicht, dass ein bestimmtes Müsli oder eine Autoreparaturfirma hauptsächlich über Radiowerbung wahrnehmbar und deshalb auf diesen Kommunikationskanal abonniert sind. Ich meine, dass beispielsweise ein ehemaliger US-Präsident einen Wahlkampf und eine Regierungsepoche vorwiegend über das Medium Twitter geführt hat oder dass der Unternehmer, dem man lange die meiste Zukunft zugeschrieben hat, Elon Musk, ebenfalls das Medium Twitter stark genutzt hat.

In der heutigen, sehr vielfältigen Medienlandschaft ist eines klar: Die vielen Angebote, Apps oder Plattformen im Netz sind alle dafür ausgelegt, sich selbst zum Medium zu machen. Deshalb ist es wichtig, dass für Dein Zukunftsvorhaben Dein Erzählkern in Form des Nordstern-Narrativs formuliert ist und dass Du mindestens einen eigenen Kanal oder eine eigene Plattform damit bespielen kannst, um glaubwürdig und sichtbar zu sein. Verzettele Dich bei der Auswahl der Kommunikationskanäle nicht. Überlege lieber vorab systematisch, welche Kanäle und Formate geeignet sind, um Deine Stakeholder zu erreichen oder mit ihnen in Austausch zu treten. Überlege Dir dann, über welche Wege, mit welcher Priorität, Deine Botschaft in die Welt kommen soll.

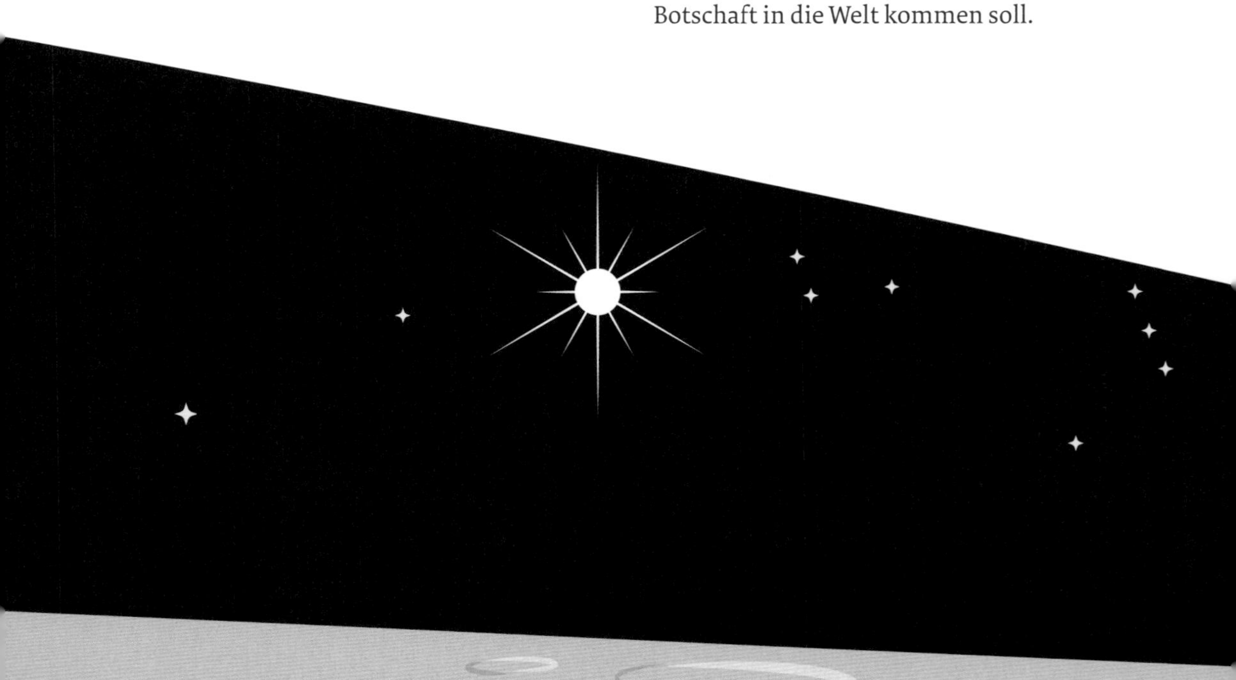

Bei der Kommunikationsplanung geht es darum, geeignete Formate und Kommunikationssituationen zu identifizieren, um Dein Narrativ darin zu verwirklichen, zum Beispiel in Reden, einer Social-Media-Kampagne oder in Form von Veranstaltungen.

Im Wahlkampf von Bündnis 90/ DIE GRÜNEN zum Beispiel waren die eigenen, selbst geposteten Bilder am wichtigsten, um den neuen Stil der Kommunikation zu prägen – regierungsfähige Selfies, die auch einen gewissen Prominenzfaktor aktiviert haben.

Die Arbeit mit der Aktivierungsmatrix zeigt Dir, wie Deine Nordstern-Erzählung verschiedene Kommunikationsansätze innerhalb Deiner Organisation oder Deines Unternehmens miteinander verbinden kann. Im Idealfall verstärken sich diese verschiedenen Maßnahmen gegenseitig in ihrer Aktivierung der Nordstern-Erzählung. Die Arbeit mit der Matrix macht Dir deutlich, dass es nicht ausreicht, Dein Nordstern-Narrativ einfach nur explizit zu formulieren. Wie in so vielen Bereichen der Kommunikation gilt auch hier die Prämisse: Zeigen, nicht erzählen.

Sei die Geschichte, erzähle sie nicht nur.

Verkörpere sie authentisch.

Walk your talk – tue, was Du sagst.

Und stehe mit wirklich allem, was Dir zur Verfügung steht, hinter Deinem Narrativ.

Cases

Narrative und Zukunfts-strategien, die vieles verändert haben

Die Geschichten der Anderen

Oder warum jeder ein Erzähler sein kann und genau dort zu Hause ist.

Der dritte Teil des Buchs ist eine Best-Practice-Sammlung. Sie macht konkret verständlich, auf welchen Anwendungsebenen Narrative strategisch genutzt werden können. An den folgenden Beispielen kannst Du den Umgang mit den vielfältigen Dimensionen des Storyverse durchspielen – auch während Du bereits am eigenen Storyverse arbeitest.

Die Beispiele, die von mir und meinem Team mit der Storyverse Canvas analysiert worden sind, haben einen hypothetischen Charakter. Oft wirst Du Gedankenspiele entdecken, die potenzielle Zukunftsentwicklungen einer Organisation formulieren, aber nicht exakt den tatsächlichen Zukunftsplänen der vorgestellten Unternehmen entsprechen.

Die Erzählungen und Narrative rund um die hier vorgestellten Cases dienen als Praxisbeispiele und -möglichkeiten und sollen nicht die internen Überlegungen und Entwicklungsarbeiten preisgeben. Dennoch haben wir uns bemüht, auch tatsächliche strategische Ausrichtungen und Entwicklungslinien aufzuzeigen.

Zuerst schauen wir auf die Insel **Sylt**. Hier könnte das richtige Narrativ helfen, konkurrierende und konflikterzeugende Erzählungen miteinander zu versöhnen. Denn heute sehen Insulaner:innen und Tourist:innen die Zukunft ihrer Insel durchaus unterschiedlich – ein gemeinsames Inselnarrativ ist nicht ohne weiteres zu erreichen. Unser Modell kann durchaus auch zur Analyse von Widersprüchen und Konflikten dienen und sich widersprechende Narrative aufzeigen – das ist bereits ein erster Schritt zur Versöhnung.

Mit einer narrativen Strategie können auch Zukunftsnarrative gefunden werden, die den Spagat zwischen Tradition oder Markenstabilität und einer sich wandelnden Welt mit neuen Maßstäben erlauben. Der Sportwagenhersteller **Ferrari** kann damit herausfinden, wie sich die Luxusmarke zukünftig im Kontext ökologischer Fragen weiterentwickeln kann, ohne dass dabei die besondere «Ferrari Experience» verloren geht.

Am Beispiel der **Milch** zeige ich Dir, welche Narrative das Storyverse dieses Getränks umgeben. Warum das relevant ist? Für Molkereien ist Milch das zentrale Produkt. Andere Unternehmen verarbeiten Milch zu weiteren Produkten und müssen ihre Erzeugnisse weiterentwickeln und überzeugend positionieren. Für Hersteller pflanzlicher Milch ist der narrative Bedeutungswandel des Getränks zum entscheidenden Umsatzfaktor geworden.

Sylt, Ferrari und Milch. Drei sehr unterschiedliche Storyverses mit Signalcharakter. Welche Widersprüche, Hindernisse und Konflikte müssen jeweils überwunden werden, um sich mit der Zukunft zu versöhnen?

Wie es gelingen kann, das eigene Transformationsnarrativ so zu formulieren, dass es zugleich zur Erzählung des gesellschaftlichen Wandels beiträgt, zeigt der Case der **Rügenwalder Mühle**: Alle an einen Tisch bringen. Vor dem Hintergrund dieses Narrativs wurde nicht nur eine vegetarische Produktpalette erfunden, sondern auch eine neue Art und Weise, einerseits von der Zukunft vegetarischer Ernährung, andererseits auch von fleischfreudiger Ernährung zu erzählen.

Anhand dieser Erfolgsbeispiele kannst Du Erfahrungen sammeln, wie man mit Narrativen umgeht, um Zukunftsstrategien entwickeln zu können, die womöglich über Jahre die kommunikativen Muster bestimmen.

Netflix ist als Videostreamer bereits ein Klassiker im Digitalisierungsnarrativ. Der individuelle Besitz von Ton- oder Bildträgern wie DVDs wurde ersetzt durch ein Abomodell, welches nicht nur das Thema Video, sondern auch das Fernsehen insgesamt umkrempelt. Wir beleuchten am Beispiel von Netflix ein Master-Narrativ: das Narrativ der Digitalisierung.

Eine Partei, die einen erfolgreichen Klimawahlkampf führen möchte, braucht mehr als nur das entsprechende Wahlprogramm. Sie muss ein Nachhaltigkeitsnarrativ finden, das klarmacht: Alle Politik ist Klimapolitik. Bündnis 90/DIE GRÜNEN und ihre Wahlergebnisse 2021 demonstrierten, dass die Partei verstanden hatte, Narrative Strategie überzeugend einzusetzen. Heute prägen sie die deutsche Parteienlandschaft mit ihrer «grünen Erzählung».

In dieser Sammlung versuche ich Dir so viele unterschiedliche Beispiele wie möglich zu zeigen. Deshalb geht es nicht nur um Organisationen oder Produkte wie Milch, sondern auch um Persönlichkeiten. Weshalb wir Dir auch den Case **Joey Kelly** vorstellen: Als Sohn der Kelly-Family, die in den 1990er-Jahren große Bekanntheit erreichte, macht der Extremsportler heute sein eigenes Ding und knüpft doch an seine Familiengeschichte an. Welche Auswirkungen das für sein Nordstern-Narrativ hat, erfährst Du am Schluss dieses Buches.

Die folgenden Beispiele zeigen Dir, wie erfolgreiche Organisationen und Personen heute mit dem Storyverse arbeiten – und arbeiten könnten. Anhand dieser Erfolgsbeispiele kannst Du Erfahrungen sammeln, wie man mit Narrativen umgeht, um Zukunftsstrategien entwickeln zu können, die über Jahre die kommunikativen Muster bestimmen. Dabei ist es unser Anliegen, Dir verständlich zu demonstrieren, wie die Storyverse Canvas angewendet werden kann, um selbst mit ihr zu arbeiten und zu verstehen, welche konkreten Herausforderungen mit ihr zu lösen sind.

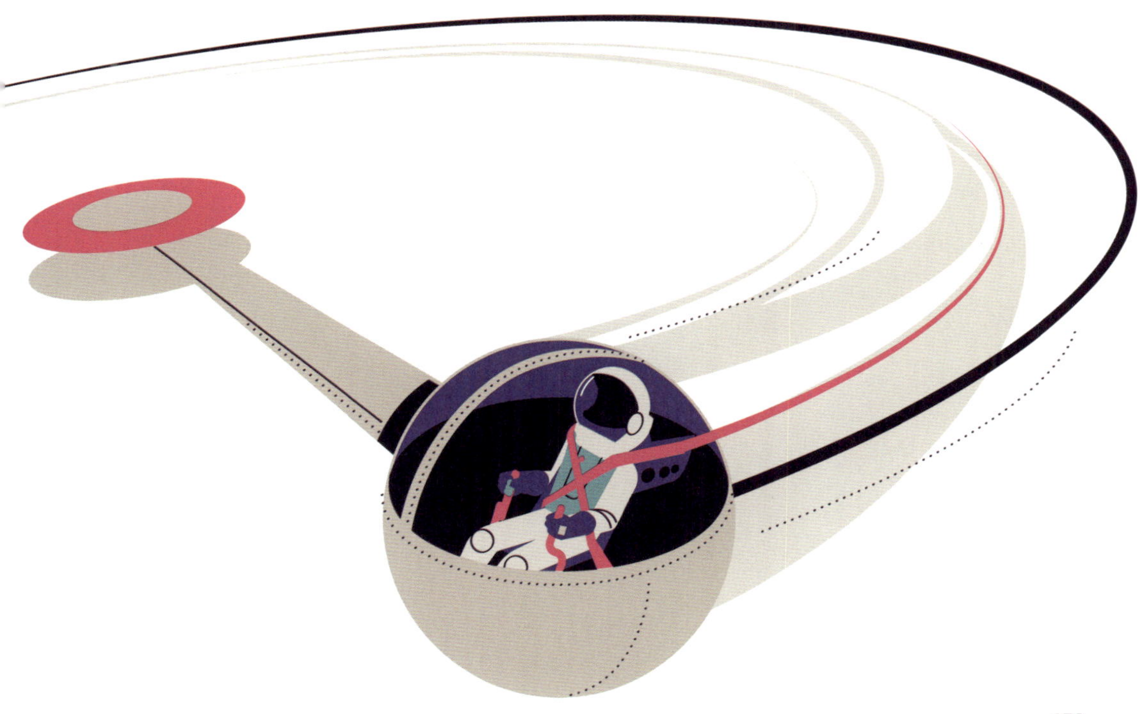

Sylt

Die Insel als raue Grenze zwischen Urlaub und Zuhause

Der Evergreen

Sylt ist eine Insel mit wunderschönen Stränden und Dünen, einer bemerkenswerten Fauna und Flora und vielen Orten für Sport, Freizeit und Erholung. Dort leben nicht nur Insulaner:innen, denen daran gelegen ist, den natürlichen Lebensraum zu bewahren, sondern auch Gäste, die in den Genuss der Natur kommen wollen. Zu den berühmtesten Insulanern gehört Jürgen Klopp, der Cheftrainer des FC Liverpool, der seinen ersten Wohnsitz auf Sylt hat. Das Bild des Einheimischen, der als Fischer in mindestens dritter Generation dort lebt, vermischt sich mit Bildern von Prominenten, die sich sowohl auf der großen Bühne als auch auf Sylt zu Hause fühlen, und mit Bildern von Menschen, die zum Arbeiten im Tourismussektor auf die Insel migriert sind.

Dass es Sylt überhaupt gibt, ist einigen Jahrtausendfluten zu verdanken, denn die heutige Insel gehörte früher zum Festland. Auf dem Weg nach Sylt, ganz in der Nähe der Verladestation zum Autozug und kilometerweit im Landesinneren, steht eine Kirche aus dem Jahr 1240, die mit Flutmarken gespickt ist. Besonders hohe Marken sind um 1532 und um 1634 verzeichnet worden – Jahre, in denen noch keine Rede vom menschlich gemachtem Klimawandel war. Heute erhält sich die Insel durch Tetrapoden aus Beton, Sandaufspülungen und Küstenschutzmaßnahmen. Sie gilt als zeitlos – vielleicht deswegen, weil sie paradoxerweise irgendwann auseinanderbrechen muss.

Sylt ist nicht irgendeine Insel

Tatsächlich ist sie so populär, dass sie jedes Jahr mehrere Hunderttausend Gäste anzieht. Für die einen ist die Insel ein Naturerlebnis für die ganze Familie, für andere ist sie ein idealer Ort für Surf- oder Golfsport oder einfach ein Ort, an dem der Champagner nie aufhört zu fließen. Für die Einheimischen hingegen ist die Insel ihre wirtschaftliche Lebensgrundlage und ihre schützenswerte Heimat. Es handelt sich um einen Ort, an dem zwei Welten aufeinanderprallen, deren Interessen und Erwartungen nicht immer reibungslos zusammenpassen: die Welt der Tourist:innen und die Welt der Insulaner:innen.

Der Kultstatus und die Vielfältigkeit der Insel tragen zu ihrer Erfolgsgeschichte bei und bescheren ihr Aufmerksamkeit und Interesse. Aber Vielfältigkeit birgt immer auch die Gefahr für Spannungen: dass die Dinge auseinanderdriften und sich die Erwartungen und Interessen nicht mehr in Einklang bringen lassen. Seit Längerem vollzieht sich hier ein Wandel. Die Transformation von Tourismus und die zunehmende Bedeutung dieses Wirtschaftszweiges für die Insulaner:innen steht in Konflikt mit der ursprünglichen Idee von Sylt und der Wahrung des nahezu legendenhaften Images der Insel. Die schönen, reetgedeckten Häuser gehören heute kaum mehr den Einheimischen. Und oft leben Servicepersonal und Hoteliers nicht mehr auf der Insel, sondern auf dem Festland. Dabei sind sie für die Wirtschaftsgrundlage der Insel, den funktionierenden Tourismus, von entscheidender Bedeutung. Das Storyverse von Sylt gleicht also einem Spannungsfeld aus Wertschöpfung und Wertschätzung, das nach einer Lösung verlangt.

Es stellt sich die Frage, welche Zukünfte Sylt umgeben, die für die Strategieentwicklung entscheidend sind. Folgende Zukünfte lassen sich grob benennen: die Zukunft des Tourismus und der Gäste, die Zukunft der Insulaner:innen, die Zukunft einer gemeinsamen Urlaubs- und Heimatinsel und die Zukunft der Insel im Angesicht von Klimawandel und Ökologie. Dieser Horizont an Zukünften führt zu weiteren Fragen: Wie weit lässt sich der Wandel moderieren? Wie lassen sich Konflikte abwenden, die unterschiedliche Zukunftsinteressen als Ausgangspunkt haben?

Stell Dir vor, Du würdest zum Team des Tourismus-Marketings der Insel gehören. Wie würdest Du versuchen, den Herausforderungen, den verschiedenen Ansprüchen an die Zukunft der Insel gerecht zu werden? Eine Möglichkeit wäre es, eine gemeinsame Zukunftserzählung zu finden, die zwischen den kontroversen Erzählungen und Zukunftserwartungen vermittelt – auch um Konflikte zu befrieden, die sich in den Geschichten niederschlagen, die man sich mittlerweile über den Ort und die dort anwesenden Menschen erzählt – von «ignoranten Touristen», «Snobs» und «lästigen Familien» bis hin zu «sturen Insulaner:innen».

Was sollen die Menschen sich künftig über Sylt erzählen? Auf welches Narrativ müsste das Tourismus-Marketing setzen, um die vielen Interessengruppen und Zukünfte zu harmonisieren – neben konkreten inselpolitischen Entscheidungen und Maßnahmen, die eine auch wirtschaftlich funktionierende Inselzukunft ermöglichen. Ob Sylt ein solches Narrativ für sich findet und wie es lauten könnte, lassen wir an dieser Stelle offen. Du siehst: Das Storyverse von «Sylt» ist spannungsreich und komplex. Und stellt damit einen hochinteressanten Case für Narrative Strategie dar. Die perfekte Gelegenheit für Dich, einmal an einem ganz konkreten Beispiel die Arbeit mit dem Storyverse Canvas zu erproben. Wir sind gespannt, welchen vielversprechenden Nordstern Du in diesem Fall finden wirst.

02 ZUKÜNFTE AUSRICHTEN

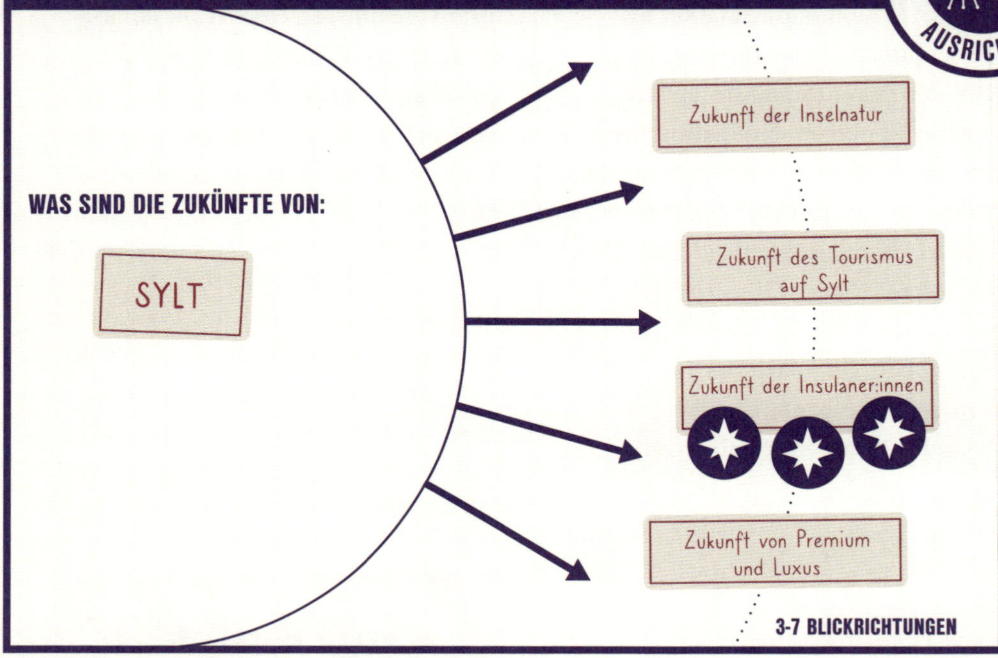

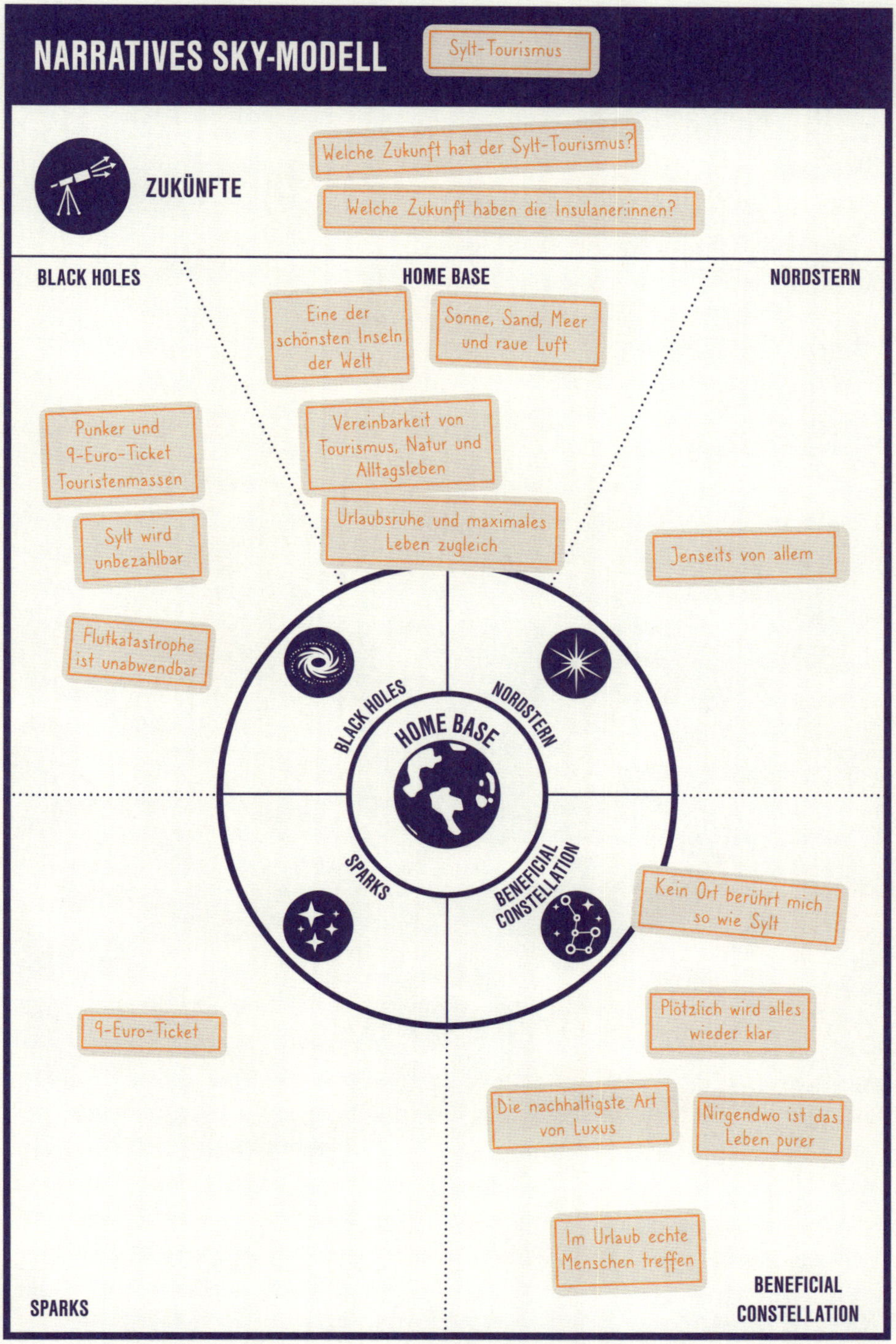
NARRATIVES SKY-MODELL
Sylt-Tourismus
ZUKÜNFTE
Welche Zukunft hat der Sylt-Tourismus?
Welche Zukunft haben die Insulaner:innen?
BLACK HOLES
HOME BASE
NORDSTERN
Eine der schönsten Inseln der Welt
Sonne, Sand, Meer und raue Luft
Vereinbarkeit von Tourismus, Natur und Alltagsleben
Urlaubsruhe und maximales Leben zugleich
Punker und 9-Euro-Ticket Touristenmassen
Sylt wird unbezahlbar
Flutkatastrophe ist unabwendbar
Jenseits von allem
BLACK HOLES
HOME BASE
NORDSTERN
SPARKS
BENEFICIAL CONSTELLATION
Kein Ort berührt mich so wie Sylt
Plötzlich wird alles wieder klar
9-Euro-Ticket
Die nachhaltigste Art von Luxus
Nirgendwo ist das Leben purer
Im Urlaub echte Menschen treffen
SPARKS
BENEFICIAL CONSTELLATION

Ferrari

Sportwagenmarke zwischen Raubtier und Zähmung

Der Evernoise

Springen wir von der Insel Sylt in die italienische Provinz Modena, genauer gesagt in die Werkshallen von Ferrari. Das Luxusautomobilunternehmen, gegründet 1947 vom ehemaligen Rennfahrer Enzo Ferrari, ist eine der bekanntesten Automobilmarken der Welt.

Das Storyverse von Ferrari zeichnet sich wesentlich durch die Vereinigung doppelter Identitäten aus: Rennsport und Luxus, Exklusivität und Leidenschaft sowie Tradition und Innovation. Dabei geht es dem Unternehmen seit der Gründung darum, Fahrzeuge zu bauen, die ein besonderes Fahrerlebnis vermitteln und gleichzeitig die familiären Werte bewahren. Diese doppelte Identität erzeugt eine enorme narrative Energie und Spannung. Bereits das Symbol des Pferdes im Logo der Marke visualisiert den Ursprung von Mobilität überhaupt: Die Pferdestärke als Maßeinheit steht für die Größe der Leistung und das Rennpferd als Ursprung des Motorrennsport.

Die Inspiration für das Ferrari-Logo kam jedoch von einem Kampfpiloten aus dem Ersten Weltkrieg, der das Pferd als Glücksbringer auf sein Flugzeug malte. Das Laute und Aggressive sind Ferrari geschichtlich eingeschrieben.

Hinzu kommt das Animalische. Einer der Chefingenieure von Ferrari, Nicola Boari, kommentierte einmal das 488 Spider-Modell so: «We wanted the car to sound like a beast in control, yet ready to rise up.» Die Marke Ferrari bedient sich des Narrativs des wilden, ungezügelten und lauten Tieres, das gezähmt werden muss. Mit Aussagen wie denen von Boari beschwört das Unternehmen einerseits den Eindruck des Gefährlichen und Dramatischen, andererseits wird ein Narrativ der Verwundbarkeit sichtbar: Jeder Kratzer gleicht einer Tragödie. Jede Fahrt schrammt knapp an einem Unfall vorbei, lässt den Puls steigen und die Emotionen aufschäumen. Der Ferrari ist das Fahrzeug für die Erfahrungshungrigen, die Wagemutigen. Das sind die Geschichten, die die Automarke seit jeher prägen.

Im Gegensatz zu den meisten anderen heutigen Automarken, die von Sicherheit, Bequemlichkeit und Nachhaltigkeit erzählen, ist eine Ferrari-Fahrt ein Show-off mit markanter Geräuschkulisse. Die Straße verwandelt sich in eine Bühne und Risikofreudigkeit fährt immer mit. Das Gefährt löst Emotionen und körperliche Erfahrungen aus, die sonst nur im Rennsport zu Hause sind.

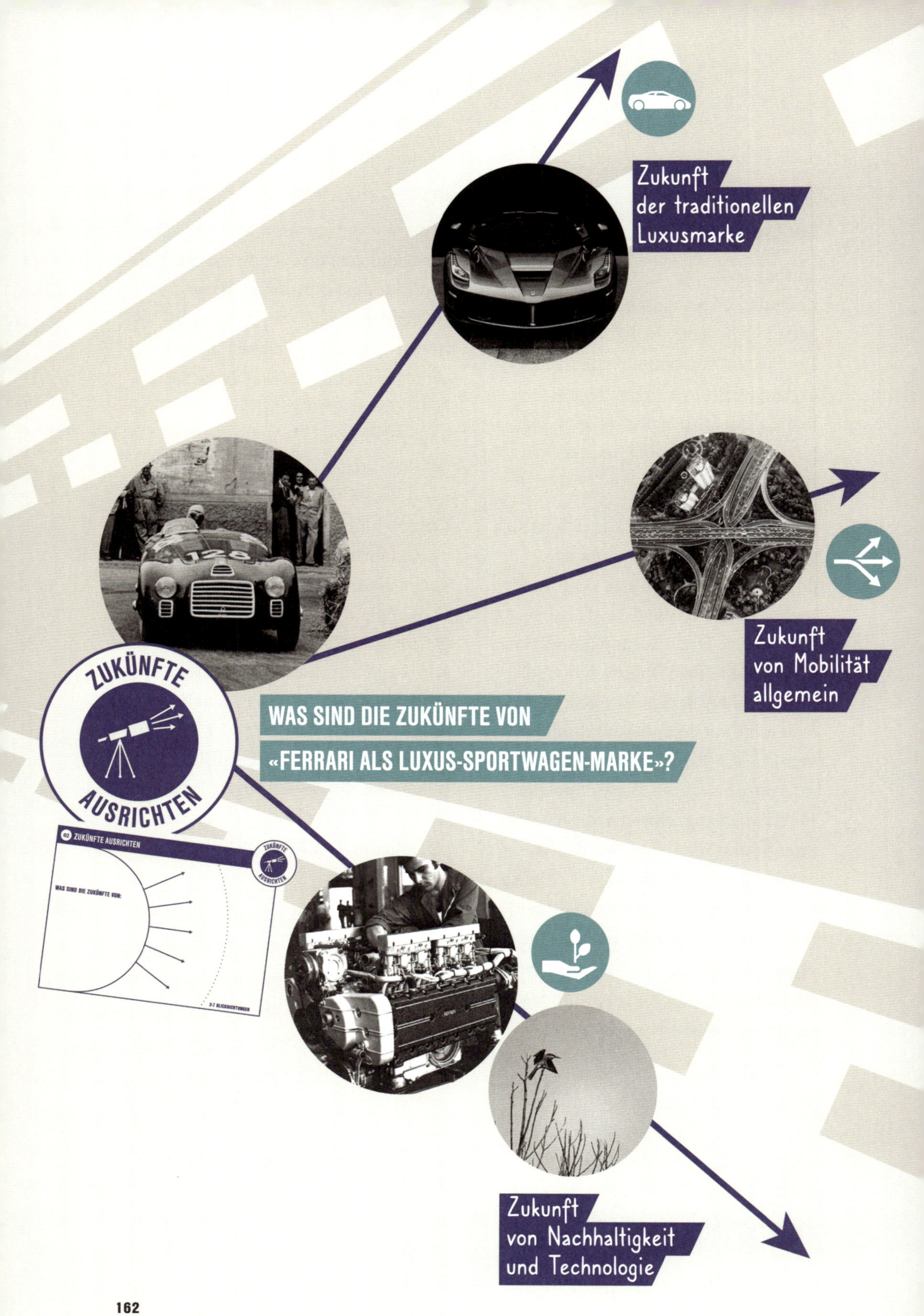
Zukunft der traditionellen Luxusmarke
Zukunft von Mobilität allgemein
ZUKÜNFTE AUSRICHTEN
WAS SIND DIE ZUKÜNFTE VON
«FERRARI ALS LUXUS-SPORTWAGEN-MARKE»?
02 ZUKÜNFTE AUSRICHTEN
WAS SIND DIE ZUKÜNFTE VON:
3-7 BLICKRICHTUNGEN
Zukunft von Nachhaltigkeit und Technologie

Laut, extrem – und alles andere als umweltfreundlich. Eigenschaften, die besonders sichtbar und erfahrbar werden in Verbindung mit dem in Verruf geratenen Verbrennungsmotor. Angesichts der beliebten und ökologisch freundlicheren E-Mobilität wirkt die Erzählung nicht mehr zeitgemäß – ihre Zukunftsberechtigung gerät ins Wanken. Das Unternehmen steht vor einer Reihe von Black Holes: Verbrennungsmotoren werden verboten und für Antriebstechnologie müssen neue Lösungen gefunden werden. Dabei wäre es sicherlich kein Vorteil, zu zögerlich beim Thema E-Mobilität zu sein. Ein weiteres unerwünschtes Narrativ, das unmittelbar damit zusammenhängt, ist, dass Ferrari die treue Kundschaft verlieren könnte, wenn das Unternehmen anfängt, E-Fahrzeuge zu bauen. Exklusive Kund:innen könnten sagen: «Ferrari ist eine der letzten Verbrennerbastionen, und das soll auch so bleiben.» Es könnten aber auch Narrative auftauchen, die behaupten, dass Batterien für schnelle Luxusfahrzeuge zu unausgereift sind und sich eine Transformation ohnehin nicht lohnt. Probleme, die Ferrari zwangsläufig dahin drängen, eine neue Zukunftsstrategie zu entwickeln. Am gefährlichsten, so scheint es, ist für das Ferrari-Narrativ, dass sich Elektromobilität ethisch korrekt, moralisch wertvoll, sauber und schlank präsentiert und damit genau als Gegenthese zum Markenkern von Ferrari auftritt. Korrekt und gut versus laut und böse.

Bei der Ausrichtung auf die Zukunft liegen damit folgende Fragen, die sich das Unternehmen stellen muss, auf der Hand: Was wird die Zukunft von Mobilität und Technologie sein? Was könnte die Zukunft einer traditionellen Luxusmarke sein? Und wie kann Ferrari in Zukunft sowohl nachhaltiger produzieren als auch ein ökologisch freundliches Auto auf die Straße bringen, das Ferrari-Fans nicht entfremdet?

Der Aufbruch des Luxusautomobilherstellers in eine grüne Zukunft gleicht offensichtlich einem zweischneidigen Schwert. Unterschiedliche Stakeholdergruppen haben divergierende Erwartungen an die Transformation und an die Tradition des Unternehmens und seiner Automarke: Aus der Perspektive einer Klimaschützerin etwa sollte die Entwicklung in Richtung Nachhaltigkeit so schnell wie möglich gehen. Für traditionelle Verbrenner-Fans und Ferrari-Stammkunden hingegen kann die Umstellung auf einen grünen Antrieb ein absolutes No-Go sein. Für Ferrari gilt es also, strategische Antworten auf diese potenziellen Black Holes vorzubereiten.

Vor dem Hintergrund der Nachhaltigkeit sind sicherlich Fragen der Technologie von größter Wichtigkeit. Mögliche Antworten auf die Black Holes könnten sein, dass die Motorenmontage (ob elektrisch oder Verbrenner) eine Kernkompetenz von Ferrari bleiben wird. Oder dass mit E-Fahrzeugen die Ferrari-Erfahrung unverändert bleibt und dass sich das elektrische Produkt in Sachen Geschwindigkeit und Luxus kaum von dem Verbrenner unterscheiden wird.

Eine weitere fiktive und trotzdem keine allzu abwegige Zukunftsstrategie von Ferrari könnte eine Erweiterung des Produktportfolios sein, nach dem Motto: «Eine Ferrari-Erfahrung – aber verschiedene Ferraris für verschiedene Ferraristi». Auf konkreter Handlungsebene würde das eine Ergänzung der traditionellen Produktlinie und Fertigungsprinzipien um den Faktor grüne Innovation bedeuten. Aus narrativer Sicht gesehen würden sich Tradition und Innovation die Hand reichen.

Tatsächlich hat Ferrari kürzlich bekannt gegeben, dass es künftig auch eine Strategie zur Elektrifizierung seiner Fahrzeuge geben wird. Ein E-Sportwagen ist geplant, der zunächst hybrid und letztlich ganz elektrisch fahren soll. Ferrari ist zwar kein Vorreiter, kann aber ein Fast-Follower-Narrativ besetzen, das sowohl Nachhaltigkeit, Innovation und Tradition berücksichtigt. Ein solches Narrativ gilt es zu aktivieren und strategisch auszuspielen. Die Spielfelder, auf denen das geschieht, sind von großer Bedeutung. Und um die Kommunikation zu aktivieren, braucht es eine Entwicklung von Formaten, Kanälen und Stakeholdern für die Botschaft des Narrativs.

Die hier skizzierte Zukunftserzählung handelt davon, dass sowohl die treue Ferrari-Fahrer:in als auch die E-Mobilitäts-Verfechter:in jene einzigartige Ferrari-Erfahrung werden machen können, die Luxus und Geschwindigkeit verkörpert.

Das heißt, es ist möglich, sich zu verändern, ohne die eigenen Wurzeln aufzugeben.

09 AKTIVIERUNGSMATRIX

NORDSTERN-NARRATIV: Ferrari: «creating timeless icons for a changing world»

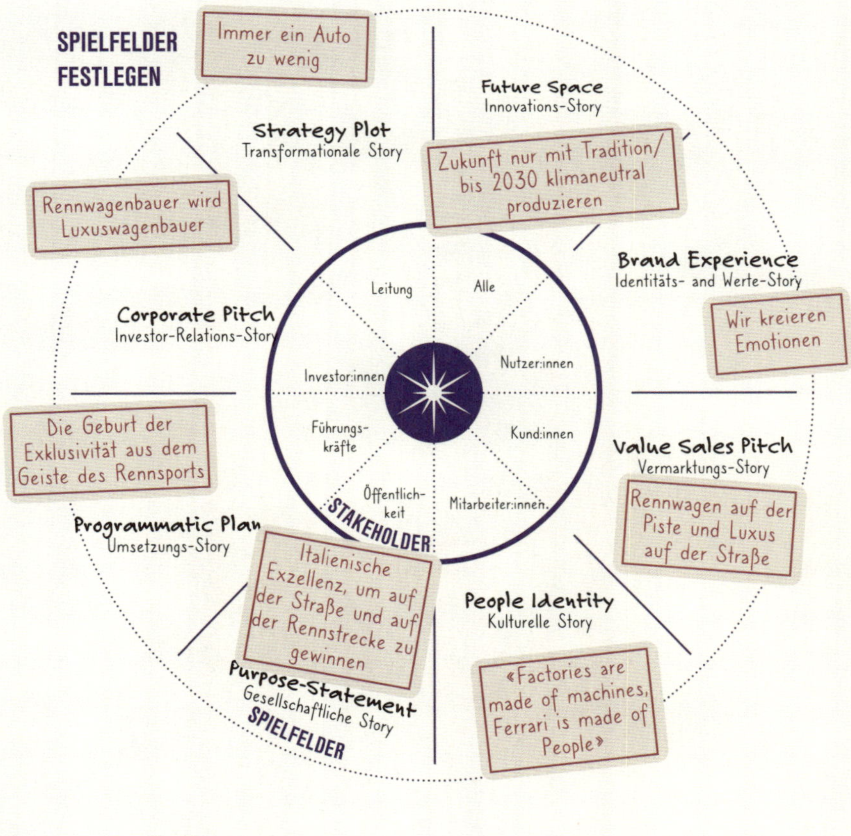

Milch

Mythos, «Normalität» und Zukunft

«Einen Cappuccino, bitte.»
«Mit welcher Milch?»
«Normale Milch.»
«Was ist für Dich normal?»
Wortlos umgedreht und einfach rausgegangen.

Dieser Tweet von Jan Böhmermann bringt auf den Punkt, was einem passieren kann, wenn man heute in angesagten Cafés in Berlin oder Hamburg einen Milchkaffee bestellen will. Was die «normale Milch» sein soll, scheint einem Glaubenskampf zu gleichen. So verzichten heute Menschen aus ökologischen, gesundheitlichen oder ethischen Gründen auf Kuhmilch und greifen stattdessen zur pflanzlichen Alternative. Der Pro-Kopf-Konsum von Kuhmilch geht deshalb seit Jahren zurück. Gleichzeitig haben sich die Narrative über Kuhmilch in den letzten Dekaden stark gewandelt. Narrative wie «Milch ist ein Lebenselixier» oder «Milch ist das Natürlichste, was man zu sich nehmen kann» stehen heute vor dem Hintergrund der Klimakrise und den damit einhergehenden tierethischen und klimapolitischen Fragen auf dem Prüfstand. Und sie erzeugen eine emotional-kontrovers geführte Debatte. Denn die Stories, die sich um Milch ranken, sind nicht unangefochten positiv.

Für viele Menschen gilt die intensive Viehhaltung als Klimakiller. Tierschützer sorgen sich um das Tierwohl. Wer heute in der Milchwirtschaft tätig ist, muss eine strategische Antwort auf Black Holes wie diese finden.

Das stellt insbesondere Kuhmilch-Produzent:innen vor strategische Herausforderungen: Wie sollen sie künftig über Milch kommunizieren, welche Antworten sind noch überzeugend und wie können sie sich künftig mit ihrem Produkt positionieren? Gleichzeitig verwenden die neuen, teils trendigen veganen Alternativen eben den Begriff, die Farbe und die positiven Eigenschaften, die mit dem Begriff Milch verbunden sind.

Mit Narrativen rund um das Getränk «Milch» müssen sich auch Unternehmen beschäftigen, die «Milch» als Nahrungsmittel künftig zu ihrem Kernprodukt machen wollen – oder die sich ganz bewusst davon abgrenzen wollen. Genannt seien alle Hafer-, Reis- und Sojamilch-Produzent:innen, die ihre Brands und Produkte positionieren wollen.

Analysiert man die Narrative rund um «Milch» mit der Storyverse Canvas, stechen einige Zukunftsstrategien heraus. Entweder, ein Unternehmen setzt radikal auf Pflanzenmilch – ein existierendes Beispiel wäre Oatly. Oder es verkauft Kuhmilch und fokussiert auf Regionalität – ein Beispiel wäre Tirol Milch. Oder man setzt auf synthetische Milch, sogenannte zellbasierte Milchprodukte, aus dem Labor. Denkbar sind auch Anbieter, die beides oder alle drei Varianten herstellen könnten. Dabei wird deutlich, dass sich diese Beispiele in ihren Narrativen stark unterscheiden.

Milch aus Pflanzen: Oatly

Das schwedische Lebensmittelunternehmen Oatly vertreibt erfolgreich Milchersatzprodukte. Dabei verbindet es das pflanzliche Milchgetränk mit Narrativen von einem neuen und vor allem nachhaltigen modernen Leben. Mit dem Ansatz der Verringerung von Treibhausgasemissionen, der Verbesserung der Ökosysteme und der Überlebensfähigkeit der Betriebe entsteht ein Narrativ des sozialen Bewusstseins. Oatly setzt auf ein Narrativ der Transparenz, der wissenschaftlichen Fakten und der klimafreundlichen Kraft pflanzlicher Produkte. Dabei präsentiert sich das Unternehmen jung und progressiv in der Außenkommunikation sowie in der Darstellung ihrer Produkte.

Auf die Kritik, dass die Gewinnung von Inhaltsstoffen von pflanzlicher Milch auf Abholzung, Monokultur und Ähnlichem basiere, reagierte Oatly mit der Entwicklung eines Ansatzes für eine restaurative und regenerative Landwirtschaft für Hafer. Dem vielerorts kursierenden Narrativ, dass Milch aus Pflanzen Zusätze beinhaltet, die der Mensch nicht braucht, begegnet Oatly mit dem Satz: «Our oat base is just oat and water», und versucht, diesem Black Hole seine Sogwirkung zu entziehen. Ein weiteres prominentes Narrativ, vegane Milch sei ja eigentlich keine echte Milch, begegnet Oatly ganz gelassen und nennt das Produkt einfach «Drink». Damit erzeugt das Unternehmen ein ganz neues Metaphernfeld, das diese Diskussion umgeht.

Natürliche Milch aus der Region: Tirol Milch

Tirol Milch vermarktet sich als erste klimapositive Molkerei. Das Unternehmen setzt auf die Narrative von Heimat, Nachhaltigkeit und Tierwohl. Und begegnet damit sehr vielen Black Holes. Sätze wie: «Für Muttermilch werden Kühe ausgebeutet» und «Tiere geben keine Milch, sie wird ihnen weggenommen» kontert Tirol Milch mit dem Argument der Zusammenarbeit mit den Bauern und Bäuerinnen und einem tierfreundlichen Umgang mit den Kühen des jeweiligen Betriebs. Keine Massentierhaltung also, sondern schonender, sorgfältiger und regionaler Umgang mit den Ressourcen. So sagt das Unternehmen über sich selbst: «Jede Kuh hat hier noch einen Namen» – ein authentisches Tierwohl-Narrativ, das ganz klar betont, dass die Kühe in einer tierfreundlichen Umgebung aufwachsen. Dazu kommt eine hundert Prozent gentechnikfreie Produktion, hofeigene Fütterung sowie der Verzicht auf Palmöle. Strategie und Kommunikation folgen den Narrativen des Natürlichen und des Ursprünglichen.

Der gewagteste und sehr experimentelle Zukunftsentwurf für Milch führt ins Labor.

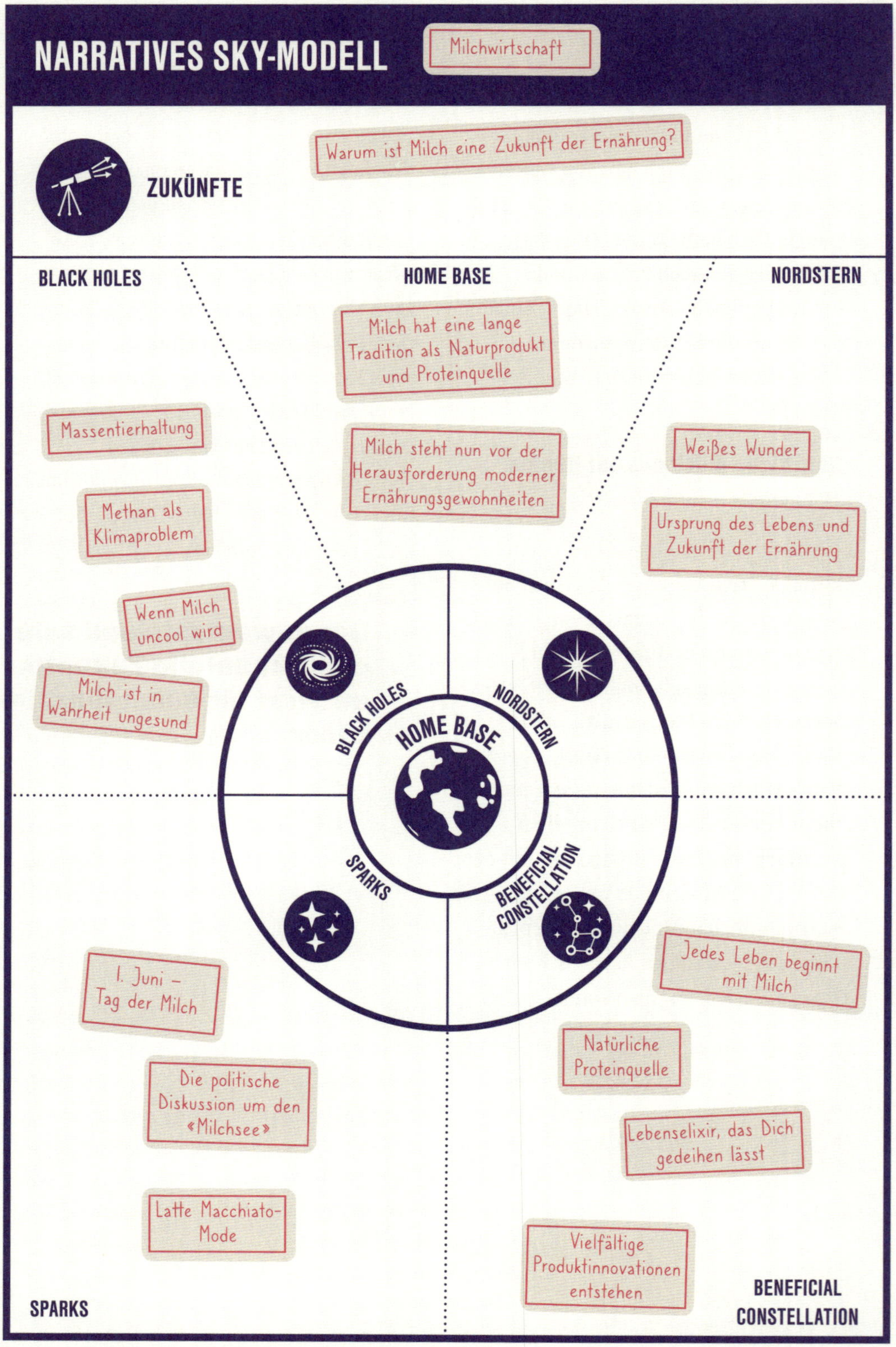
NARRATIVES SKY-MODELL
Milchwirtschaft
ZUKÜNFTE
Warum ist Milch eine Zukunft der Ernährung?
BLACK HOLES
Massentierhaltung
Methan als Klimaproblem
Wenn Milch uncool wird
Milch ist in Wahrheit ungesund
HOME BASE
Milch hat eine lange Tradition als Naturprodukt und Proteinquelle
Milch steht nun vor der Herausforderung moderner Ernährungsgewohnheiten
NORDSTERN
Weißes Wunder
Ursprung des Lebens und Zukunft der Ernährung
BLACK HOLES
NORDSTERN
HOME BASE
SPARKS
BENEFICIAL CONSTELLATION
1. Juni – Tag der Milch
Die politische Diskussion um den «Milchsee»
Latte Macchiato-Mode
SPARKS
Jedes Leben beginnt mit Milch
Natürliche Proteinquelle
Lebenselixir, das Dich gedeihen lässt
Vielfältige Produktinnovationen entstehen
BENEFICIAL CONSTELLATION

Milch aus dem Labor:
Synthetische Milch-Eiscreme

Synthetische Milch ist ein Zukunftsprodukt, bei dem echte Milchkühe unnötig sind. Die Idee ist, Proteine im Labor herzustellen, die Milcheiweiß ähneln. Daraus sollen «zellbasierte Milchprodukte» entstehen, die sich bei Nährstoffgehalt und Geschmack kaum von der tierischen Milch unterscheiden. Diese mögliche Zukunft regt die Fantasie an und erinnert an die «Replikatortechnologie» von *Star Trek*, die in der Science-Fiction-Serie dafür sorgt, dass niemand Tausende Lichtjahre entfernt von der Heimat, auf seine Leibspeisen und Lieblingsgetränke verzichten muss. Das amerikanische Start-up Perfect Day ist hier vorgeprescht: Ein im Reagenzglas gezüchtetes Dairyprotein imitiert tierliche Milchproteine nahezu perfekt. Auf der Basistechnologie biosynthetischer Proteine aufsetzend, entstand das Unternehmen The urgent company, welches die vegane und laktosefreie Eiscrememarke Brave Robot erfand. Der Roboter Brave ist eine Kunstfigur, die ähnlich dem Kinoschlager Wall-E von einem entfernten Planeten kommt und die schlimmen Zustände auf der Welt zum Guten ändern möchte. Auf großen Plakaten wirbt die Marke mit dem Slogan: «The Future. Now Available in Vanilla N'Cookies» und «Taste the future». Ein ziemlich wilder narrativer Mix aus Lou Reeds «Perfect Day», *Brave New World*, *Robots* und glücklichen Kühen. Das erzeugt eindeutig sehr viel Aufmerksamkeit! Wenn auch deren Black Hole, nämlich die Künstlichkeit ihres Produktes, bereits absehbar erscheint.

Die Gegenwart der Bauerngemeinschaft Hamfelder Hof sieht pragmatischer aus. Unter dem Narrativ: «Es ist riskant, wir wagen es trotzdem» erhöhten die 38 Bioland-Betriebe den Milchpreis um 20 Cent, was die Kunden im größeren Stil auch akzeptierten – ein wichtiges Anliegen, um nicht nur der Milch und den Kühen, sondern auch den Bauern Zukunft zu sichern. In der Entwicklung von Zukünften klassischer Kuhmilch sind noch viele Möglichkeiten offen. Denn jedes Leben beginnt mit Milch und das wird bei Menschen und Säugetieren auch so bleiben – vermutlich. Deshalb ist Milch mit zahllosen historischen Mythen codiert, ausgehend von der alttestamentlichen Vision vom «Land, in dem Milch und Honig fließen». Und ebenso wichtig wie die Vergangenheit in der Prägung von Narrativen ist es, sich die Möglichkeiten, die die Zukunft bietet, nicht entgehen zu lassen und anderen zu überlassen.

Rügenwalder

Die Wurst zwischen Fleisch und Soja

Der Evertaste

Um wenige Kulturgüter kreisen so viele Geschichten wie um das Essen. Der Geschmack mancher Dinge kann Kindheitserinnerungen wecken und ganze Kulturen zusammenhalten – oder entzweien. Wenn man heute jemanden zum Essen einlädt, gebietet es die Höflichkeit, sich vorher über etwaige Unverträglichkeiten und Essgewohnheiten zu informieren. Das alte Narrativ «Gegessen wird, was auf den Tisch kommt!» ist so gut wie passé.

Eine der Diskussionen um Essensgewohnheiten rankt sich um den Fleischverzehr – und in Deutschland ganz besonders um die Wurst. Sie produziert zahllose Narrative, Geschichten und Sprichwörter: Entweder geht es um die Wurst oder es ist alles Wurst. Die einen kriegen eine Extrawurst, die anderen nicht. Manche sind beleidigte Leberwürste, manche sind arme Würstchen. Die Wurst hat zwei Enden, wo alles andere nur eins hat, und wir alle lagen vor unserer Geburt im Wurstkessel Abrahams. Vor allem aber scheiden sich in vielen Familien an der Wurst die Geister: Für die einen ist es ein kulinarisches Kulturgut mit Tradition, für die anderen eine Ernährungsweise, die Fragen nach unserem Umgang mit Tieren aufwirft und darüber hinaus das Klima belastet.

Für jeden Einzelnen von uns mag das ärgerlich, amüsant, lästig oder mittlerweile schon Normalität sein. Für einen traditionsreichen, mittelständischen Wurstfabrikanten aber stellen die sich ändernden Ernährungsgewohnheiten wichtige Fragen für die Zukunft. «Die Wurst», so sah es 2014 der Chef der Rügenwalder Mühle, Christian Rauffus, voraus, «wird die Zigarette der Zukunft.» Der Wandel der Wurst von einem Produkt, das sich allgemeiner Beliebtheit erfreut, zu einem problematischen Nahrungsmittel, das negative Reaktionen hervorruft, geht Hand in Hand mit einem Wandel der Narrative über dieses Produkt.

Und mit der Frage, was man als Fleischveredler strategisch ins Auge fassen muss, wenn man die Chance nutzen möchte, diesen Wandel aktiv mitzugestalten, statt nur reagierend hinterherzulaufen.

Was also tun? Das Geschäftsmodell grundlegend ändern? Die Fleischproduktion einstellen und auf den Trend rein vegetarischer Produkte umsteigen? Das Image der Marke und das der fleischhaltigen Produkte wieder attraktiver machen – zum Beispiel durch Betonung auf Herkunft, Qualität und nachhaltige Produktionsbedingungen? Neben dem Fleischgeschäft vielleicht eine neue Marke aufbauen, die ausschließlich vegetarische Produkte umfassen und die nach und nach zur Hauptmarke des Unternehmens ausgestaltet werden würde?

Im Jahr 2014 unternahm der Lebensmittelproduzent und Fleischveredler «Rügenwalder Mühle» ein gewagtes Experiment und launchte eine vegetarisch-vegane Produktreihe unter der eigenen Marke. Die starke Botschaft dahinter: Wurst ist Wurst – egal ob aus Fleisch oder Soja. Ursprünglich generierte das Unternehmen seinen Umsatz primär aus der klassischen Wurstproduktion. 2020 machte es erstmals mehr Umsatz mit veganen und vegetarischen Produkten. Heute wird die Marke Rügenwalder Mühle mit fleischhaltigen, aber auch vegetarisch-veganen Lebensmitteln, sogenannten Fleischersatzprodukten, in Verbindung gebracht.

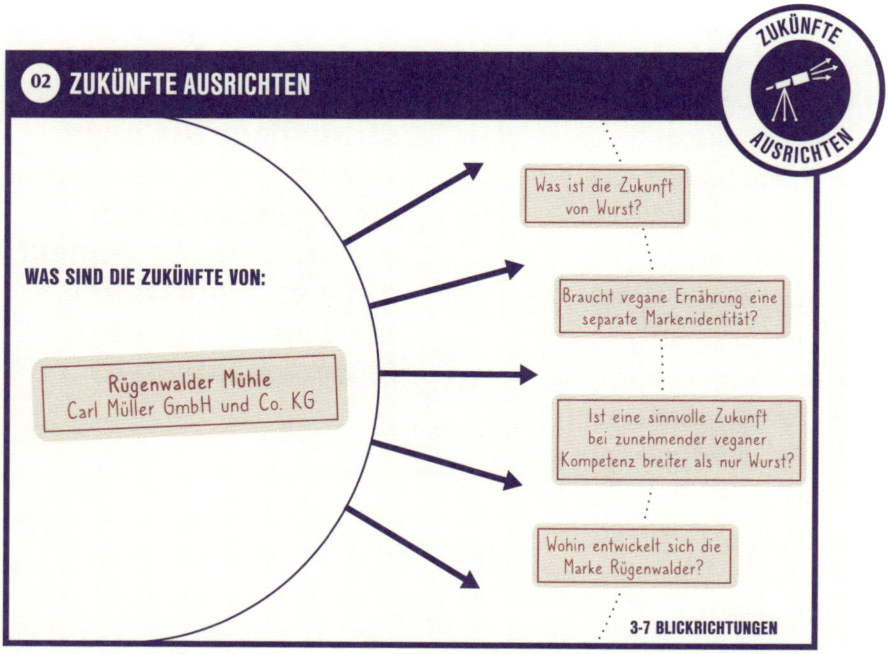

01 DEINE HOME BASE KLÄREN

WIE HEIßT DIE ORGANISATION / DAS UNTERNEHMEN, die Initiative für das eine Zukunftsgeschichte entwickelt werden soll?

Rügenwalder Mühle
Carl Müller GmbH und Co. KG

Wo stehst Du, was sind die **STÄRKEN** Deiner Organisation?

- Wurstspezialität, die wir lieben
- Familienunternehmen mit langer Tradition
- Vor Ort in Niedersachsen
- Mühle symbolisiert Handwerkskunst

Was sind die **WERTE** Deiner Organisation?

- regional
- zukunftsorientiert
- ökologisch
- transparent

HOME BASE KLÄREN

... und welche **HERAUSFORDERUNGEN** fordern sie?

- Die Ernährungsgewohnheiten ändern sich
- der Klimawandel stellt die klassische Fleischproduktion in Frage
- Es gibt zunehmend Spezialanbieter die Fleisch vegan herstellen können und eine Zelllkultur-Fleischzucht ist nicht undenkbar

In einem Satz, welches **NARRATIV** schildert die Ausgangssituation von der aus in die Zukunft geschaut werden soll?

Wir sind ein Fleisch und Wurstspezialist.
Es gibt neue Möglichkeiten für Fleisch und Wurst neben tierlichem Ursprung

Die Rügenwalder Mühle ist ein Familienunternehmen mit langer Tradition und starker regionaler Verankerung in Niedersachsen. Das Unternehmen gilt als Spezialist für Fleischveredelung, ist bekannt für seine Teewurst und symbolisiert damit auch eine bestimmte Form von Handwerkskunst. Viele der Geschichten aus dem Storyverse der Rügenwalder Mühle ranken sich um das kontinuierliche Achten auf Qualität von den bescheidenen Anfängen bis heute.

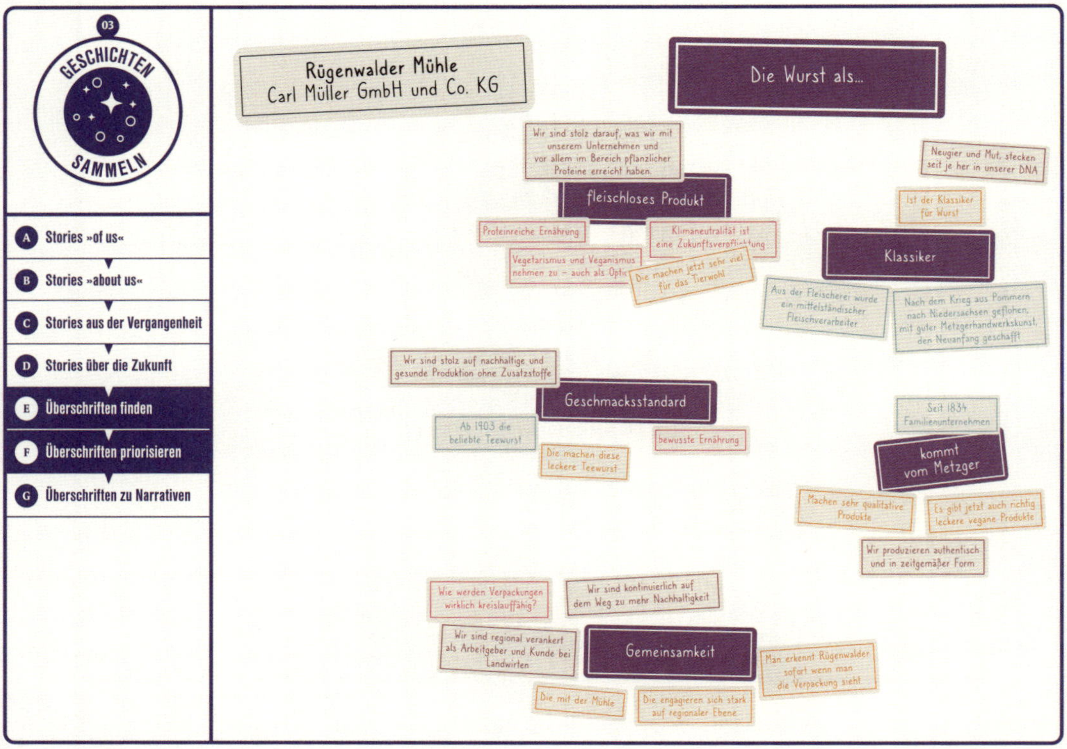

Um den Wert dieser Markenidentität beizubehalten und sich dennoch auf das Abenteuer einer tiefgreifenden Transformation einzulassen, musste die Rügenwalder Mühle sich selbst und ihr Produkt neu erzählen. Dafür hat das Unternehmen klug auf eines der ältesten Narrative zurückgreifen können: Gutes Essen verbindet. Das Ziel von Essen ist nicht nur Ernährung, sondern alle an einen gemeinsamen Tisch zu bringen.

Die Rügenwalder Mühle ging also nicht nur in Hinblick auf ihre Produkte, sondern auch in Bezug auf Markenführung einen eigenständigen und risikobereiten Weg. Die Verantwortlichen hinterfragten damit auch eines der ältesten Narrative der Werbebranche: Dass eine erfolgreiche Markenführung sich vor allem um den Markenkern kümmern muss, den es zu schützen und möglichst unangetastet zu lassen gilt. Die Rügenwalder Mühle hat bewiesen, dass eine Marke auch einen ganzen Korridor bespielen kann, also eher eine Landschaft darstellt als einen engen Pfad – solange es ein Narrativ gibt, das für eine gewisse Einheitlichkeit sorgt.

Der Erfolg des Unternehmens bei seinem Transformationsprozess hat meiner Meinung auch damit zu tun, dass das Unternehmen auf die Erzählungen gehört hat, die sich um ihr ureigenstes Produkt ranken: Essen als gemeinschaftsstiftendes Kulturgut. Damit war es möglich, aus einer ganz neuen, nämlich unideologischen und nicht ethikgetriebenen Perspektive die Möglichkeiten des Vegetarismus zu adressieren. Die Vegetarier einer Familie müssen sich vielleicht weniger rechtfertigen, wenn ihr Brotaufstrich aus demselben Haus kommt, wie das der fleischessenden Familienmitglieder. Alle können sich auf die Werte von Qualität und nachhaltiger Produktion einigen.

Die Rügenwalder Mühle hat damit auch ein bisschen verändert, was wir unter Wurst verstehen können, wenn wir uns darauf einlassen.

Daran zeigt sich, wie wichtig es ist, seine Zukunft nicht im luftleeren Raum zu entwickeln. Es wäre leicht gewesen, unter den Narrativen von Ökologie und Tierwohl eine eigenständige und unabhängige Marke zu entwickeln – aber wie glaubwürdig und verständlich wäre das in Bezug auf ein Unternehmen, das sich als familiengeführtes Traditionshaus versteht? Vor allem, wenn genau diese Herkunft, das Storyverse der Rügenwalder Mühle, genug Anknüpfungspunkte für vegetarische Produkte liefert: Qualität für die breite Bevölkerung und Essen, das alle an einen Tisch bringt. Über dieses Bindeglied lassen sich die Narrative vegetarischer Ernährung mit den Narrativen des Wurstfabrikanten zu einer Konstellation verknüpfen, die überrascht, dynamisch und zeitgemäß wirkt und dennoch der Tradition keinen Abbruch tut. Auf der Website von Rügenwalder Mühle ist es so formuliert:

> **«Traditioneller Wursthersteller und Nachhaltigkeit? Für uns ist das kein Widerspruch. Vielmehr trifft Nachhaltigkeit den Kern dessen, was uns ausmacht. Denn als Familienunternehmen wissen wir genau, was Verantwortung für kommende Generationen bedeutet. Verantwortlich handeln wir, indem wir einen nachhaltigen Wandel mitgestalten. Veränderung war schon immer der Antrieb, der uns erfolgreich durch all die Jahre getragen hat. Wir haben zugehört und Trends und Bedürfnisse bei den Verbraucher*innen frühzeitig erkannt – immer mit der Portion Mut, neue Wege zu gehen. So wie bei unserem Veggie-Sortiment. Wie wir immer besser werden? Mit Tatkraft, Teamgeist und dem Dialog mit allen, die unseren Weg kritisch begleiten.»**
>
> **Quelle: www.ruegenwalder.de/unser-ansatz**

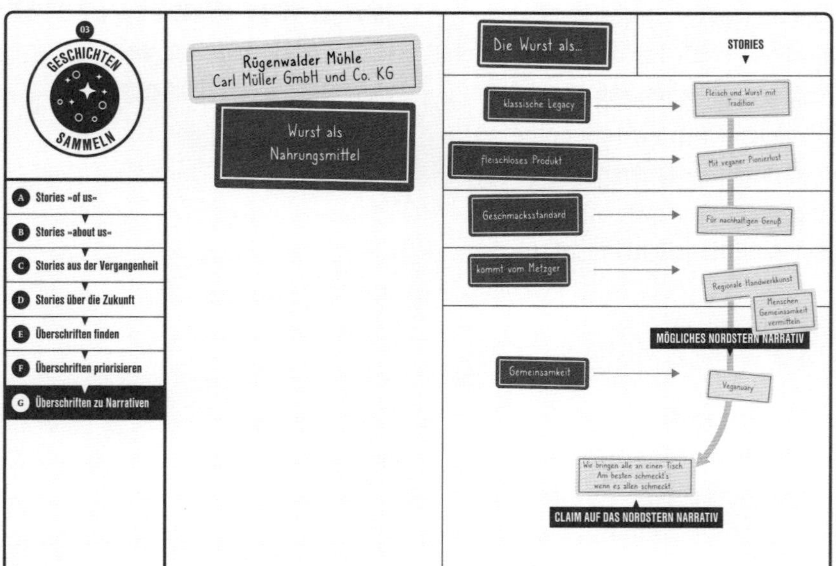

Aber auch das beste Narrativ und die spannendsten und reibungsvollsten Konstellationen, die sich damit zusammenstellen lassen, können allein nicht eine Transformationskampagne zum Erfolg führen. Maßgeblich dafür ist, das Narrativ bei den richtigen Leuten auf die richtige Weise zu positionieren. Die Unternehmensführung der Rügenwalder Mühle war sich von Anfang an bewusst, dass sie sich mit ihrer Veggie-Reihe zwischen alle Stühle setzen würde. Gut möglich, dass das Unternehmen seine Produkte deshalb frühzeitig im engen Dialog mit ihren Kritikern entwickelte, um möglichen Black-Hole-Narrativen von vornherein den Wind aus den Segeln zu nehmen. Im Magazin *brand eins* heißt es dazu:

> **«Lange vor der Markteinführung lud er [Marketingleiter Godo Röben] Greenpeace, Verbraucherschützer, den Vegetarierbund ProVeg und die Tierschützer von Peta zu Gesprächen ein. Ein kluger Schachzug, um den Einzug in die Vegetarierwelt unbeschadet zu überstehen. [...] So kann es gehen, wenn man sich traut, potenzielle Feinde zu umarmen. Für das Unternehmen wurden die Lobbyisten zu einer Art Marktforschung.»**
>
> Quelle: www.brandeins.de/magazine/brand-eins-thema/reputation-2019/ruegenwalder-muehle-ealles-wurst

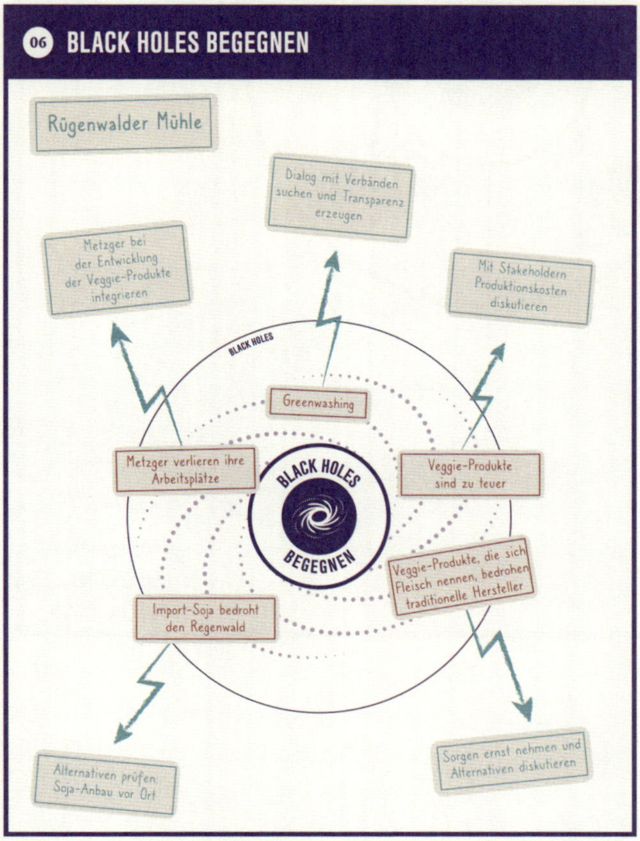

NARRATIVES SKY-MODELL

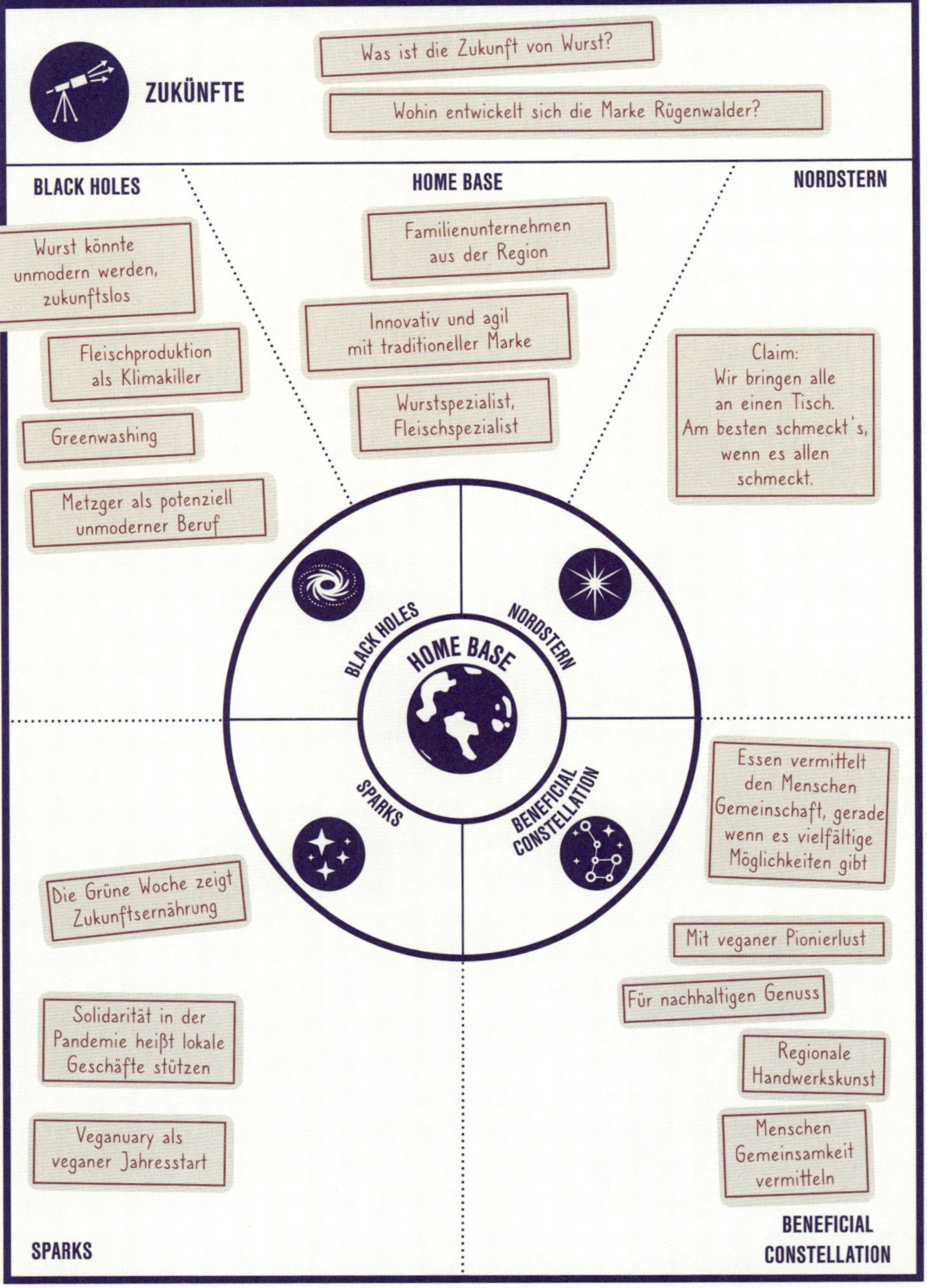

Man sieht an diesem Beispiel gut, dass Narrative und strategische Überlegungen Hand in Hand gehen. Es geht dabei nicht, wie vielfach zu hören ist, darum, die Dinge schönzureden, sondern darum, eine Erzählung zu finden, welche die eigene Identität in die Zukunft oder durch eine Transformation hindurch verlängert. Eine solche Erzählung wird sich nur durchhalten lassen, wenn sie strategisch entwickelt und ausgespielt wird, und diese Strategien werden nur aufgehen, wenn sie sich in eine kohärente Erzählung einfügen lassen – nahe genug an der Home Base, um authentisch zu sein, aber weit genug im Zukunftsraum plausibler Fiktion, um andere Leute mitzureißen. Der Claim der Rügenwalder Mühle: «Wir bringen alle an einen Tisch: Am besten schmeckt's, wenn's allen schmeckt», transportiert nicht nur ein Gefühl, sondern enthält eben auch einen strategischen Kern nahe am Produktversprechen der qualitativ hochwertigen Lebensmittel: Versöhnen und Brücken bauen statt Spalten und Vereinzeln. Diese Strategie wird meiner Meinung nach auch dann noch funktionieren, wenn sich wieder neue Ernährungsweisen durchsetzen oder die Ökologie die Wurstproduktion vor ganz neue Herausforderungen gestellt wird!

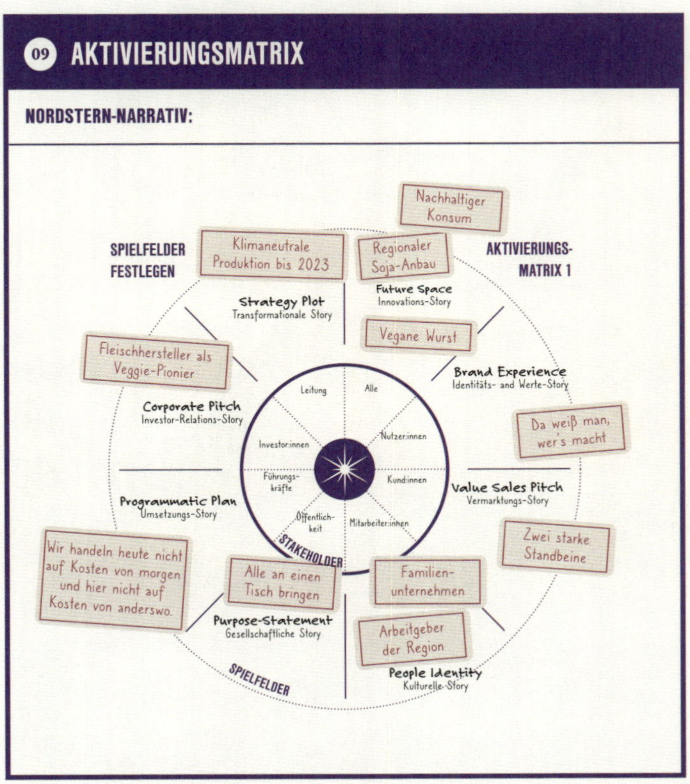

Netflix

Die digitale Videothek

Der Everlook

Immer wieder gibt es Narrative, die einfach alle betreffen und auf die jeder eine strategische Antwort finden muss. Diese Master-Narrative sprechen von tiefgreifenden gesellschaftlichen Transformationen. In den 1990er-Jahren beherrschte beispielsweise das Narrativ der Globalisierung die Debatten. Heute ist es neben dem Klimawandel vor allem das Narrativ der Digitalisierung. Wer versäumt, sich in diesen Narrativen zu verorten und seine Erzählung darin einzuweben, kommt schnell ins Hintertreffen. Ein prominentes Beispiel ist eine mittlerweile legendäre verpasste Chance, die wir schon kurz erwähnt hatten: Im Jahr 2000 hätte der US-amerikanische Videoverleih Blockbuster den kleineren Konkurrenten Netflix für magere 50 Millionen Dollar kaufen und zu seinem eigenen digitalen Onlineanbieter machen können. Blockbuster ergriff die Chance nicht – und ging letztlich pleite.

Wie die meisten dieser großen Master-Narrative ist auch die Digitalisierung im Grunde ein Storyverse für sich, mit vielen Subnarrativen, schwarzen Löchern und Sparks. Manche beschreiben die positiven Hermes-Narrative der Digitalisierung – benannt nach dem griechischen Gott der Boten und Geschäftsleute – andere die negativen Pandora-Narrative – benannt nach Pandora und ihrer berüchtigten Büchse, aus der bekanntermaßen alles Übel entwich. Das eine steht für die Chancen der neuen Technologien, das andere für seine Gefahren. Wegdenken kann die Digitalisierung heute jedenfalls niemand mehr.

1997, dem Jahr, in dem Netflix gegründet wurde, war das noch anders. Damals nahm die kommerzielle Nutzung der Digitalisierung und des Internets gerade Fahrt auf. Ob sich die Sache lohnen würde, war nicht klar. Damals beherrschten zwei Narrative die Debatte:

Das eine erzählte die Digitalisierung als einen Hype, der vorübergehen und nur eine kleine Gruppe von Nerds beschäftigen würde, das andere Narrativ sprach von tiefgreifenden Veränderungen, die menschliche Gewohnheiten umkrempeln würden.

04 AUS STORIES NARRATIVE ENTWICKELN UND VEREDELN

Eigenen Content entwickeln

STRATEGISCHES MOTIV ERKENNEN

Vernetzung fördern und überflüssige physikalische Infrastruktur abbauen

Entwicklung von Algorithmen vorantreiben

Abonnement statt Gebühren

PLAKATIV MACHEN ALS CLAIM

See what's next

NARRATIVE AUSSCHREIBEN

Filme und Serien nach Deinem Geschmack von überall genießen

NARRATIVE MUSTER IDENTIFIZIEREN

Vorteile der Digitalisierung

STORIES / CLUSTER

Personalisierter Streamingdienst

Filme schauen, wann und wo ich will

Videothek für zu Hause

Eine Zukunft ist, das Menschen nicht mehr «linear» fernsehen

Kein Aufwand mehr mit umständlicher Rückgabe

NARRATIVE PRIORISIEREN

Heute ist klar, welches Narrativ die Zukunft treffender im Visier hatte.

Zuvor habe ich beschrieben, dass Narrative nicht nur Gefühlslagen wie die Technologieskepsis oder die Technologieeuphorie transportieren, sondern oft einen sogenannten strategischen Kern enthalten, der bereits konkrete Handlungsanleitungen vermittelt. Ob bewusst oder unbewusst, haben die Gründer von Netflix mindestens drei solcher strategischer Botschaften schnell verstanden:

Erstens das Narrativ der Vernetzung: Der frühe Zauber des Internets lag in dem Narrativ, dass es unendliche Distanzen überwinden konnte. Die ganze Welt, so dieses Pioniernarrativ, würde damit nur einen Mausklick weit weg sein. Und auch wenn es noch weitere zehn Jahre dauern sollte, bis die Datenübertragung schnell genug war, um einen Video-Streaming-Dienst anzubieten, erkannten die Netflix-Macher:innen früh das Potenzial dieser Vision: Sie starteten nach dem Prinzip des Onlinekatalogs mit einem Mailversand von DVDs – das Prinzip des Versands hatte man sich vom digitalen Start-up-Vorbild Amazon abgeschaut. Der umständliche Gang zur örtlichen Videothek – vor allem der lästige Weg zur Rückgabe – fielen damit weg. Überschaubare Abonnementpreise und Flatrates ersetzten die hohen Mahngebühren für überzogene Fristen.

Seinen Anfangserfolg verdankte Netflix nicht dem Zugriff auf Daten und Informationen, die heute so entscheidend für die Filmvorschläge sind, die uns der Streamingdienst macht. Vielmehr basierte er auf einer digitalen Brückentechnologie, von der heute niemand mehr spricht: Die DVD war leichter zu versenden als schwere Videokassetten und kam ohne lästiges Zurückspulen aus. Sie war ein Vorläufer des zweiten Narrativs: dass die Digitalisierung alle Dinge kleiner und leichter werden lasse und sie schließlich in reine Information auflösen. Ohne physikalischen Träger gibt es keinen Mangel, alles kann unendlich oft und ohne Verschleiß ausgeliehen und angesehen werden. Als Netflix 2007 schließlich seinen Streamingdienst nach und nach weiter ausbaute, verzichtete man auf die ursprüngliche Idee einer Hardware-Box zum Download von Filmen und orientierte sich konsequenterweise am Streamingdienst YouTube mit seiner wachsenden Community.

Die Digitalisierung war – wie schon an anderer Stelle benannt – die entscheidende Steinschleuder, mit der Netflix den Goliath Blockbuster zu Fall brachte.

Das dritte digitale Narrativ, das meiner Meinung nach für Netflix' Erfolg eine Rolle spielt, ist das Narrativ vom Schlaraffenland. Das Internet ist der Raum, in dem jede nur denkbare Information zur Verfügung steht. Aber nicht nur das. Dank kluger Algorithmen weiß es besser als ich selbst, was ich will, brauche oder suche. Im Jahr 2006 schrieb Netflix ein Preisgeld von einer Million Dollar für denjenigen aus, der seinen bis dahin schon erfolgreich entwickelten Algorithmus zur Empfehlung von Filmen – genannt Cinematch – verbessern könne. Das Geheimnis von Cinematch war es, nicht nur große und erfolgreiche Filme zu empfehlen, sondern auch kleinere, Independent-Produktionen mit einzuschließen. Ganz wie man es vom Schlaraffenland Internet erwarten würde, dessen Algorithmen uns besser zu kennen scheinen als wir uns selbst. Drei Jahre später wurde das Preisgeld an ein Programmiererkollektiv ausgezahlt. Diesen unendlichen Strom an perfekten Empfehlungen und neuem Content hat Netflix zu einem prägnanten Claim verdichtet: See what's next!

Sicher ist: Man könnte noch viele andere digitale Subnarrative auflisten, die Netflix zum Erfolg verholfen haben, aber ich denke, die Konstellation aus den drei genannten zeigt schon viel: Dank Digitalisierung vernetzt Netflix ohne notwendige Extrageräte (man denke an das Equipment, das nötig war, um VHS-Kassetten oder DVDs abzuspielen). Von meinem Computer oder Laptop aus kann ich mit immer neuem und individuell zugeschnittenem Content rechnen.

Ich habe diese drei Narrative ausgewählt, weil sie deutlich zeigen, warum Blockbuster den Kürzeren ziehen musste. Sie antworten alle auf Black Holes, mit denen der analoge Videoverleih, lange, bevor er pleiteging, konfrontiert war: verstaubte Videotheken, hohe Überziehungsgebühren, Abhängigkeit von Verfügbarkeit, Extratechnik und Endgeräten, wenig Unterstützung bei der Auswahl von Filmen.

Aber auch erfolgreiche Narrative haben Schattenseiten: Die Geschichte vom Schlaraffenland Internet ist auch eine Geschichte vom Überdruss und der Übersättigung. Content, der immer nur nach demselben Muster empfohlen und mittlerweile von Netflix selbst produziert wird, kann auf Dauer nicht begeistern. Längst bieten auch Medienunternehmen wie Amazon und HBO Film-Streaming an. Der Wettbewerb verschiebt sich vom Distributor zum Producer. Wie er ausgeht, ist ungewiss.

Klar aber ist, dass Netflix die Art und Weise verändert hat, wie wir fernsehen. Netflix verstand, das tiefgreifende Transformationspotenzial der Digitalisierung zu nutzen und alte Märkte wie das Kino oder das Fernsehen umzukrempeln – auf eine Art und Weise, mit der Netflix das Narrativ des digitalen Entertainments nicht nur besetzte, sondern entscheidend mitprägte.

Bündnis 90/ DIE GRÜNEN

Das Narrativ eines neuen Politikstils

Der Everchoice

Im Jahr 2021 standen Bündnis 90/DIE GRÜNEN vor einer entscheidenden Herausforderung. Nach 16 Jahren der Regierung Angela Merkel lag Umbruchstimmung in der Luft. Die beiden Parteien der großen Koalition, CDU und SPD, waren geschwächt. Gleichzeitig rückten Umweltkatastrophen und Extremwetter das wichtigste grüne Thema in den Vordergrund: den Klimawandel und mit ihm die Dringlichkeit kompetenter Klimapolitik. Mit ihrer planetaren Weltsicht und ihrer pluralistischen, demokratischen Politik hätte der Zeitpunkt für diese Partei nicht passender sein können. Narrative um ökologische Fragen waren in der Mitte der Gesellschaft angekommen. Entsprechend erlebten Bündnis 90/DIE GRÜNEN 2021 einen Höhenflug. Sie legten einen viel beachteten Wahlkampf vor – zum ersten Mal mit einer grünen Kanzlerkandidatin.

Versetzen wir uns zurück in das Jahr 2021 kurz vor der Wahl und in die Köpfe führender grüner Politiker:innen. Die wachsende Popularität der Partei erforderte plötzlich neue strategische Antworten auf narrative Fragen wie: «Was müssen wir eigentlich erzählen, dass den Menschen eine grüne Kanzlerschaft plausibel erscheint?» Gerade als Partei, die dabei war, aus ihrem Schatten als traditionelle Oppositionspartei zu treten, galt es, das alte Narrativ einer kleineren Drittpartei zu überwinden und sich einen offensiven Gestaltungsanspruch innerhalb der deutschen Politiklandschaft anzueignen.

Die Kommunikationsstrategie verlangte außerdem nach Prägnanz und Klarheit darüber, für welche Zukunft die Partei einsteht. Es galt, diese als wünschenswert und gewinnbringend zu vermitteln, auch um das Narrativ der «Verzichtspartei» in den Hintergrund treten zu lassen.

Bündnis 90/DIE GRÜNEN nutzte ebenfalls das Narrativ vom Ende der großen Volksparteien, zugleich konnten sie sich als Gegengewicht der Mitte zu den erstarkenden, extremen Rändern etablieren und so die Angst vor einer veränderten Parteienlandschaft abmildern.

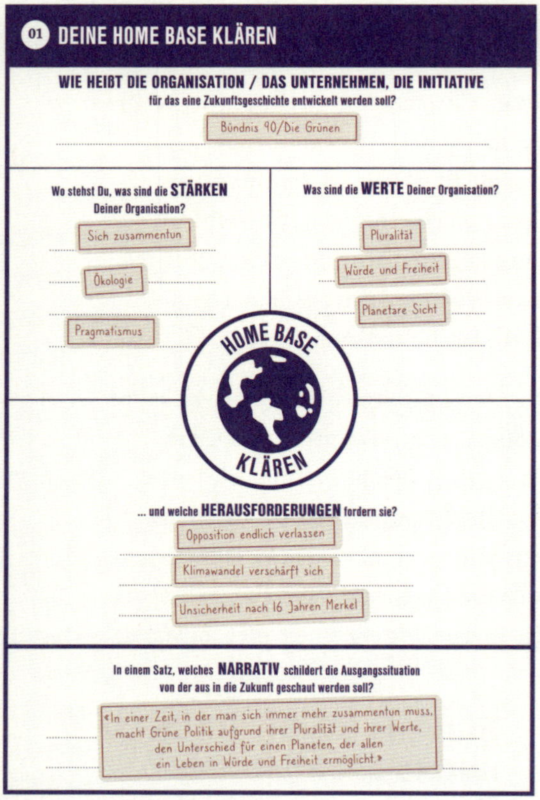
01 DEINE HOME BASE KLÄREN
WIE HEIßT DIE ORGANISATION / DAS UNTERNEHMEN, DIE INITIATIVE
für das eine Zukunftsgeschichte entwickelt werden soll?
Bündnis 90/Die Grünen
Wo stehst Du, was sind die STÄRKEN Deiner Organisation?
Sich zusammentun
Ökologie
Pragmatismus
Was sind die WERTE Deiner Organisation?
Pluralität
Würde und Freiheit
Planetare Sicht
HOME BASE KLÄREN
... und welche HERAUSFORDERUNGEN fordern sie?
Opposition endlich verlassen
Klimawandel verschärft sich
Unsicherheit nach 16 Jahren Merkel
In einem Satz, welches NARRATIV schildert die Ausgangssituation von der aus in die Zukunft geschaut werden soll?
«In einer Zeit, in der man sich immer mehr zusammentun muss, macht Grüne Politik aufgrund ihrer Pluralität und ihrer Werte, den Unterschied für einen Planeten, der allen ein Leben in Würde und Freiheit ermöglicht.»

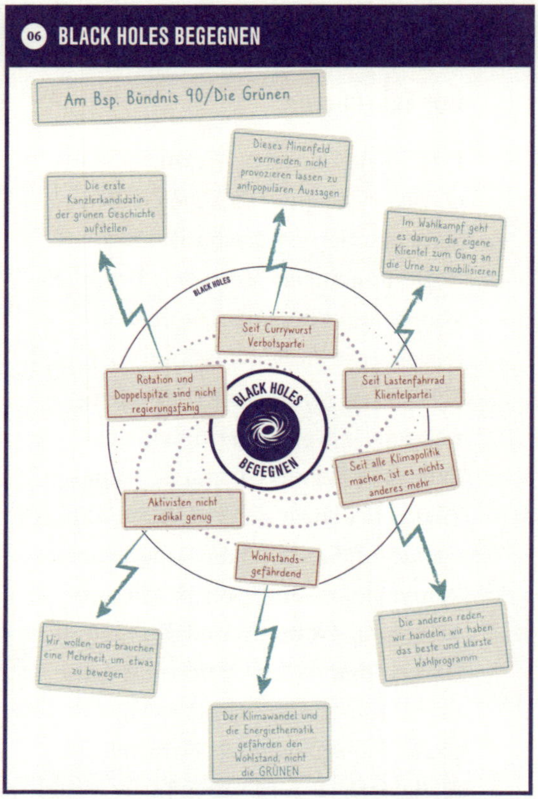
06 BLACK HOLES BEGEGNEN
Am Bsp. Bündnis 90/Die Grünen
Die erste Kanzlerkandidatin der grünen Geschichte aufstellen
Dieses Minenfeld vermeiden, nicht provozieren lassen zu antipopulären Aussagen
Im Wahlkampf geht es darum, die eigene Klientel zum Gang an die Urne zu mobilisieren
BLACK HOLES
Seit Currywurst Verbotspartei
Rotation und Doppelspitze sind nicht regierungsfähig
Seit Lastenfahrrad Klientelpartei
BLACK HOLES BEGEGNEN
Seit alle Klimapolitik machen, ist es nichts anderes mehr
Aktivisten nicht radikal genug
Wohlstands-gefährdend
Wir wollen und brauchen eine Mehrheit, um etwas zu bewegen
Die anderen reden, wir handeln, wir haben das beste und klarste Wahlprogramm
Der Klimawandel und die Energiethematik gefährden den Wohlstand, nicht die GRÜNEN

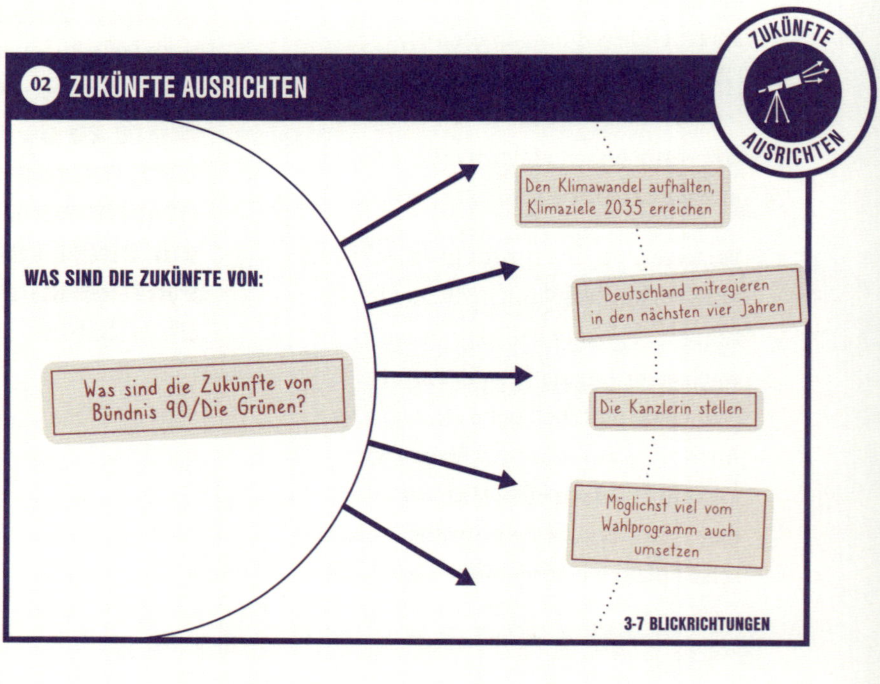
02 ZUKÜNFTE AUSRICHTEN
ZUKÜNFTE AUSRICHTEN
WAS SIND DIE ZUKÜNFTE VON:
Was sind die Zukünfte von Bündnis 90/Die Grünen?
Den Klimawandel aufhalten, Klimaziele 2035 erreichen
Deutschland mitregieren in den nächsten vier Jahren
Die Kanzlerin stellen
Möglichst viel vom Wahlprogramm auch umsetzen
3-7 BLICKRICHTUNGEN

Das ambitionierte Ziel, im Wahlkampf 2021 stärkste Partei zu werden, wurde zwar nicht erreicht, dafür aber ist ihr bezüglich ihrer Positionierung etwas vielleicht Wichtigeres und für die Zukunft der Partei Richtungsweisendes gelungen: nämlich die Konstruktion und Kristallisation einer «grünen Erzählung», die nicht nur die Geschichte der Partei, sondern alle Politikfelder von sozialer Gerechtigkeit über Integration und Friedenspolitik bis zur Ökologie bündelt und abdeckt.

Glaubwürdigkeit ist die wichtigste politische Währung. Das hat sich in Zeiten von Fake News sogar verstärkt. Glaubwürdigkeit beruht auf Authentizität und diese wiederum darauf, ein aufgeklärtes Verhältnis zu sich selbst zu haben. Um die «grüne Erzählung» glaubhaft vermitteln zu können, war die Klärung eines grünen Selbstverständnisses essenziell: Was ist die grüne Geschichte von Freiheit, von Gerechtigkeit oder ökologischer Transformation? Bündnis 90/DIE GRÜNEN waren in der Lage, diese Themen auf ihre Art zu besetzen und mit ihren Kernthemen und -kompetenzen, Ökologie und grüner Klimapolitik, zu verbinden.

Authentizität entsteht, wenn die Erzählungen über die Zukunft an das anknüpfen können, was in der Vergangenheit liegt, was man über sich selbst und was andere über einen erzählen. Über DIE GRÜNEN gibt es viele Geschichten: Skurriles und Bewegendes, Fragwürdiges und Beachtliches. Der Blick in das eigene Storyverse dient nicht nur zur Identitätsschärfung, sondern auch dazu, verschiedene Geschichten nebeneinander bestehen zu lassen. Mit ihren zwei starken Flügeln, den sogenannten Fundis und den Realos, stehen Bündnis 90/DIE GRÜNEN immer wieder vor der Aufgabe, unterschiedliche Erzählungen zu versöhnen. Mittlerweile haben sich diese Flügelkämpfe zur parteilichen Normalität entwickelt. Damit sind sie fester Bestandteil des grünen Storyverse. Es haben sich innerparteiliche Abläufe etabliert, die heute die Parteikultur prägen. Solche Aushandlungsprozesse klingen vielleicht anstrengend, die Geschichten, die sie umgeben, gehören aber mittlerweile zum identitätsstiftenden Erzählkern der Partei. Und sie bieten auch einen Anknüpfungspunkt für einen neuen, diskussionswilligen und kompromissbereiten Politikstil, wie ihn das Spitzenduo verkörpern sollte.

Jedes Spitzenduo muss einen Weg finden, Parteigeschichte neu zu erzählen und auszufüllen. Für Parteien, die versuchen, sich im politischen Spektrum neu aufzustellen, gilt, dass durch eine neue Führung weder die Identität aufgegeben werden darf, sodass diese im Vagen zu verschwimmen droht, noch, dass sie sich ideologisch allzu sehr versteifen dürfen. Zwingend wird eine Erzählung – ein grünes Narrativ – dann, wenn es das Vergangene, das Bestehende und Zukünftige miteinander verbinden soll. Für Bündnis 90/DIE GRÜNEN bedeutete das, neben dem Klimawandel vor allem auf ihre Ursprünge als Bürgerbewegung zurückzugehen, die Lehren aus 40 Jahren alternativer Politik mit Quote, Doppelspitze, Trennung von Amt und Mandat und vielem mehr zu ziehen und für einen neuen, zeitgemäßen Politikstil zu werben. Jetzt, wo Feminismus, Ökologie und andere Themen, für deren Betonung DIE GRÜNEN im Parlament lange belächelt wurden, in der öffentlichen Debatte immer wichtiger werden, können Bündnis 90/DIE GRÜNEN authentischer als andere Parteien dafür eintreten.

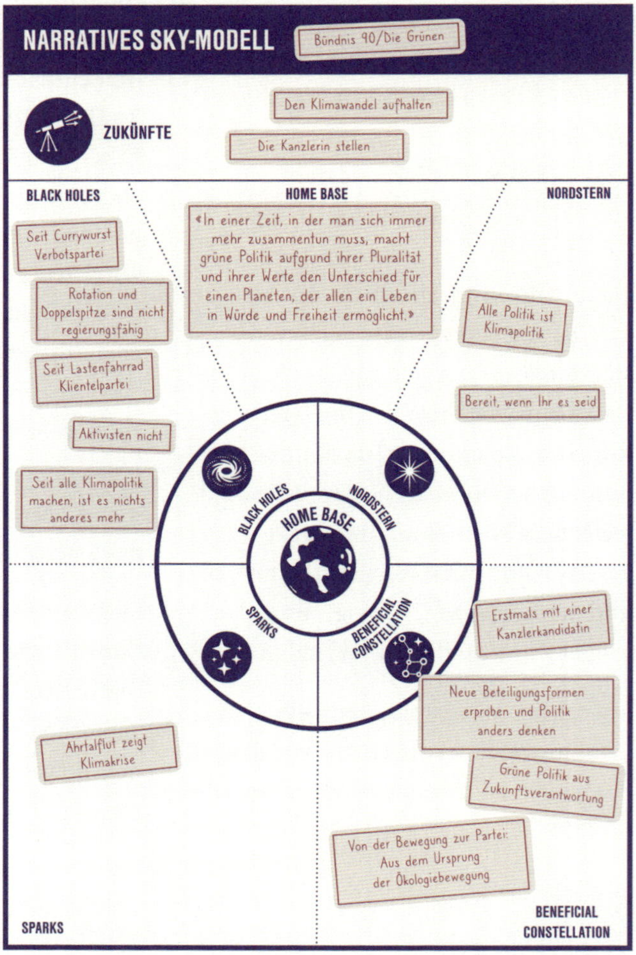

Die Anforderungen an die narrative Strategie der GRÜNEN waren folgende: Zum einen galt es, eine Erzählung zu finden, die auf die historische Gelegenheit, die sich für Bündnis 90/DIE GRÜNEN ergab, reagierte und die zum anderen eine authentische Neuerzählung der eigenen Basis sein konnte. Aus weltfremden Ökos – wie die GRÜNEN von außen in der Vergangenheit oft tituliert wurden – mussten verantwortungsvolle Klimaretter werden. Es galt außerdem, dem Vorwurf, ausschließlich ein bürgerliches Klientel zu bedienen, entgegenzutreten und die strategische Antwort zu popularisieren, dass die bisher oftmals unpopuläre Umweltpolitik alle beträfe. Auch verlangte die von außen als umständlich und anstrengend wahrgenommene basisdemokratische grüne Politikpraxis nach einer Re-Narrativierung im Sinne eines modernen Politikstils.

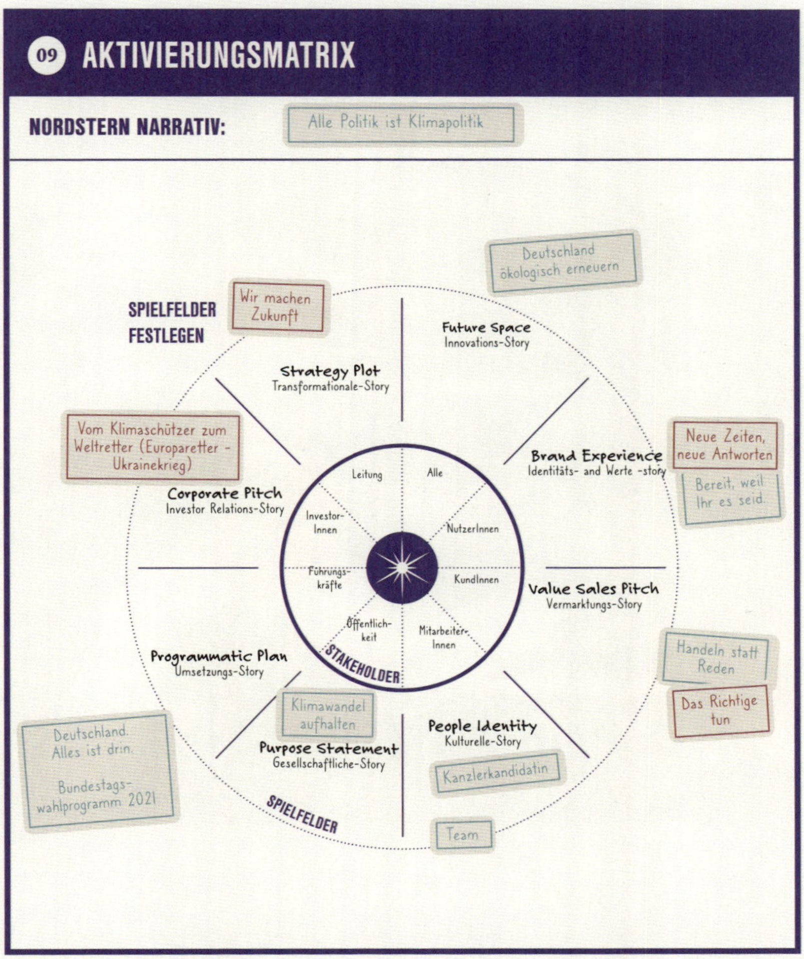

Joey Kelly

Ein unkonventionelles Personen-Narrativ

Der Eversound

Musiker, Motivationscoach, Vagabund. All dies trifft auf Joey Kelly zu. Auf seinen Weltreisen nahm er an über 50 Marathons, mehr als 30 Ultramarathons, diversen Ironman-Wettbewerben, Wüstenläufen und Radrennen teil. Joey Kelly machte als Tausendsassa und Extremsportler auf sich aufmerksam. Seine Selbsterprobungen und Extremerfahrungen sind seit geraumer Zeit der Nährboden für seine Motivations- und Vortragsreisen, mit denen er eine breite Bevölkerung adressiert und inspiriert. Kellys Appell: «Mach das Unmögliche möglich! Es gibt keine Grenzen und der Erfolg ist planbar.» Kelly verkörpert das Credo, dass es sich lohnt, für seine Ziele zu kämpfen und nicht aufzugeben.

Fraglich ist, ob diese (Selbst-)Erzählung des erwachsenen Joey Kelly eine Ablösung von oder sogar eine Art Bruch mit seiner berühmten Familie darstellt oder ob sie nicht vielmehr eine konsequente und kohärente narrative Fortführung dieser Herkunft ist.

Als achtes von 13 Kindern der Kelly Family wuchs er, in einem Doppeldeckerbus umherziehend, unter prekären Lebensbedingungen auf. Als Straßenmusiker:innen fuhren die Kellys durch die ganze Welt. Schließlich stiegen Sie auf zu einer der bekanntesten Popstars der 1990er-Jahre.

Schaut man heute auf Joey Kelly, dann wird eine Figur erkennbar, deren Home Base für ein «Leben im beständigen Extrem» steht. Seine Identität, seine Werte und sein Selbstverständnis, also dort, wo Kelly seine Komfortzone hat, ist ironischerweise die Existenz außerhalb der Komfortzone.

Dieses Beispiel zeigt, dass die Anwendung der Storyverse Canvas auf Einzelpersonen und Persönlichkeiten wie Joey Kelly zahlreiche Erkenntnisse zutage fördert, die wiederum strategisch genutzt werden können.

Viele berühmte Persönlichkeiten haben bereits gezeigt, dass eine hohe narrative Energie sowie eine strategische Positionierung anhand eines Narrativs bei der Überwindung von Hindernissen und Problemlösungen im Bereich der Politik, im Sozialen oder in der Technologie dazu beitragen kann, erfolgreich zu sein – nennenswert wären Angela Merkel, Michelle Obama oder Elon Musk, aber auch viele andere. Das Suchen, Entdecken und Definieren eines Nordstern-Narrativs für eine Einzelperson, die in der Öffentlichkeit aktiv ist, ist von großer Bedeutung.

Im Falle Joey Kelly ist vor allem das Narrativ der «auf Dauer gestellten Herausforderung» sehr präsent. Ausgehend von der narrativen Konstellation, die wir mithilfe des Narrativen Sky-Modells entdeckt haben, drängt sich vor allem die Frage auf: Was macht dieses Narrativ so erfolgreich?

Vor dem Hintergrund seiner Challenges fragen wir uns als Zuschauer:innen: «Ob er es diesmal wirklich schafft, ins Ziel zu kommen? Schafft er es, die Aufgabe zu meistern? Wird er das nächste Extrem erreichen? Auf welche Art und Weise wird er diesmal aus der Komfortzone geworfen? Welchen Leidensweg wird er diesmal gehen?» Erfolgreich ist dieses Narrativ, weil es Spannung und Intensität erzeugt.

Um den Nordstern Joey Kellys zu finden, müssen wir die Frage stellen, worin die meiste Reibung, Spannung und narrative Intensität steckt.

Wir müssen nicht lange suchen, denn Kelly beantwortet diese Frage in einem Interview quasi selbst: «Das ganze Leben ist ein Marathon.»

Ein Narrativ, das von weiteren Narrativen bestärkt wird, etwa, dass sich der Erfolg vor allem aus einem auf die Spitze getriebenen Selbstverzicht speist.

Die Reise mit seinem Sohn Luke nach Peking, auf dem Fahrersitz eines alten VW-Busses ohne Geld und Essen, beweist das: Alles muss unterwegs erarbeitet werden – unter anderem mit dem Verkauf alter Fanartikel der Kelly Family. Und nicht nur das. Selbst den Bus, einen roten T1-Bulli Baujahr 1966, restauriert Joey Kelly mit eigenen Händen und wird von TV-Kameras begleitet. Dies stellt Kelly auch bei anderen Formaten wie «Promiboxen», «Wok-WM» oder «Schlag den Star» unter Beweis, indem er sich als ausdauernd und anpassungsfähig präsentiert.

Sein Nordstern-Narrativ wird entsprechend von einer starken narrativen Konstellation getragen. Sein Do-it-yourself-Mindset und das Narrativ der unbändigen Willenskraft verbinden sich mit einem Vermächtnis- und Herkunfts-Narrativ. Denn letztlich kehrt Joey Kelly mit seiner Erzählung über die auf Dauer gestellte Herausforderung zu sich und seiner Familie zurück. Die Reise vorwärts wird auch gleichzeitig eine Reise zurück in den Doppeldeckerbus der Kelly Family. Damit zitiert und reinszeniert er nicht nur das prekäre Leben von damals auf der Straße, sondern setzt sich auch ins Verhältnis zur Familiengeschichte, um die Herausforderungen der Zukunft zu meistern. Seine Busreise nach Peking kommentierte er entsprechend unter Rückbesinnung auf die schwierigen Zeiten mit seiner Familie: «Das ist wie bei der Kelly Family früher, nur, dass wir nur zu zweit sind. Wir waren damals zwar klein, aber wir haben früher zu acht oder zu zehnt in so einem Bus geschlafen.»

Joey Kellys Nordstern-Narrativ: «Komfortzone außerhalb der Komfortzone».

Storyverse Playbook
Ausblick

Wir müssen heute mehr denn je aktiv werden, müssen den Wandel, der sich ereignet, antizipieren, Lösungsvorschläge liefern und neue Formen und Strategien der Kommunikation erfinden.

Keine andere Frage regt die kollektive Fantasie mehr an als die Frage nach «der» Zukunft – pardon, nach den Zukünften! Denn wie mittlerweile deutlich wurde: Es gibt nicht nur die eine, sondern unendlich viele Zukünfte und Möglichkeitsräume, die im Storyverse bereits angelegt sind. Um diese zu entdecken, müssen wir allerdings die mentale Einbahnstraße verlassen, auf der wir uns die meiste Zeit befinden. Wir müssen uns selbst an die Arbeit machen, wenn wir Zukünfte gestalten und gewinnen wollen. Zukünfte, die aufregend sind und nicht nur eine bloße Verlängerung der Gegenwart darstellen.

Die Zukunft ist nicht nur Gegenstand von Vorhersagen und Prognostik. Vielmehr handelt es sich bei ihr um einen offenen Möglichkeitsraum.

Dabei beeinflussen sich Zukünfte und Narrative wechselseitig: Was wir von der Zukunft erwarten dürfen und welche Hoffnungen wir mit ihr verbinden, hängt davon ab, welche Vorstellungen wir von ihr haben und welche Narrative wir mit ihr verbinden. Im Umkehrschluss prägen diese Bilder und Narrative wiederum unser Handeln im Hier und Jetzt und entscheiden darüber, ob wir diese oder jene Zukunft jemals ernsthaft ansteuern oder erreichen können. Narrative stellen einen entscheidenden Hebel für die Zukunftsentwicklung dar. Damit sind sie nicht nur Beiwerk und Dekor. Sie verleihen unseren Handlungen einen Sinn und definieren Erwartungshorizonte. Vor allem aber gehören sie zum Fundament jeder Organisation.

Gute Narrative helfen nicht nur, transformative Prozesse zu legitimieren, zu moderieren und zu steuern. Sie sind auch ein zentrales Vehikel für die Mobilisierung von Menschen, die wir auf dem Weg in die Zukunft mitnehmen wollen. Auch deshalb ist die strategische Arbeit mit ihnen entscheidend.

Zu Beginn dieses Buches hieß es: Der Mensch ist ein erzählendes Wesen. Wir verarbeiten Informationen auf der Grundlage von Narrativen. Es gibt keine objektiven Wahrnehmungen von Geschehnissen in der Welt. Wir stellen immer narrative Verbindungen her, die unseren Erfahrungen einen Sinn geben und uns dabei helfen, Komplexität zu reduzieren und Informationen schneller einzuordnen.

Nach der Lektüre dieses Buches kann es also sein, dass Du die Informationen, die Du in der Welt aufnimmst, aus einer anderen Perspektive siehst. Vielleicht wirst Du die Geschichten, die Deine Kolleg:innen Dir in der Pause erzählen, nun bewusster wahrnehmen und ihnen aufmerksamer zuhören. Möglicherweise wirst Du beim nächsten Kontakt sensibilisierter für die Narrative des Unternehmens sein, die innerhalb und um dieses herum zirkulieren. Wenn ich Dir ein Gespür für die Bedeutung von Narrativen und Stories vermitteln konnte, dann ist ein Zweck dieses Buchs bereits erreicht.

«Wie kann meine Organisation besser auf den Wandel reagieren und zu einem Treiber von Zukünften werden, in der sie eine aktive Rolle spielen könnte? Wie kann ich gute Zukunftsstrategien finden, die ungenutzte Potenziale zur vollen Entfaltung bringen? Wie kann die Transformation meiner Organisation gelingen?» Ich hoffe, dass die Lektüre dieses Buches und die Arbeit mit der Storyverse Canvas diese Fragen für Dich beantwortet haben.

We are all stories, in the end. Just make it a good one.

Doctor Who

Entscheidend ist auch zu verstehen, dass Narrative nicht statisch sind, sondern dynamisch. Im Laufe der Zeit ist es also wichtig, immer wieder die eigenen und gesellschaftlichen Narrative anzuschauen, sie auf den Prüfstand zu stellen – und sie gegebenenfalls anzupassen. Umso wichtiger ist deshalb, dass Du Dir die folgenden Fragen ab und zu wieder stellst: Sind die Geschichten, die in meinem organisationsspezifischen Erzählkosmos zirkulieren, noch relevant, plausibel und inspirierend? Sprechen sie heute noch Themen an, die den Menschen am Herzen liegen – oder haben sie sich längst abgenutzt? Erkennen sich meine Zielgruppen in ihnen wieder? Plausibilisieren meine Narrative Organisationsentscheidungen und -entwicklungen? Driften die Narrative meiner Organisation auseinander, widersprechen sich vielleicht sogar – und schwächen damit das Unternehmen intern und extern? Du hast nun die Werkzeuge selbst in der Hand, mit denen Du diese Fragen klären kannst.

Ganz gleich, ob Du in einem Start-up, als Unternehmensstrateg:in, als Markenmanager :in, als Führungskraft in einer öffentlichen Position oder als Aktivist:in arbeitest: In praktischer Hinsicht hoffe ich, dass Dir die Arbeit mit dem Storyverse Playbook Wege und Möglichkeiten eröffnet hat, eine narrative Strategie für Deine Organisation, Dein Team oder Dein Vorhaben zu entwickeln und diese effektiv zu kommunizieren. Schließlich ging es mir darum, Dir ein Werkzeug nahezubringen, das Dir hilft, neue Zukünfte und Zukunftsstrategien zu entdecken – durch Narrative.

Ich hoffe, dass Dich dieses Buch inspiriert hat, Deine Organisation anders anzuschauen und sie ausgehend von Narrativen zu denken. Ich wünsche Dir für die Zukunft, dass Dich die Werkzeuge dieses Buches dazu befähigt haben, Narrative zu entwerfen, die identitäts- und bedeutungsstiftend sind – um Dir den Weg in eine wünschenswerte Zukunft zu ebnen. Nun ist es an Dir, diese in die Tat umzusetzen und Transformation aktiv zu gestalten.

Über mich

Bernhard Fischer-Appelt ist Unternehmer, Forscher und Zukunftsexperte. Er gründete zusammen mit seinem Bruder noch vor seinem Studium die erste PR-Agentur, die sich im Umweltbereich engagierte. Heute betreibt er mit fischerAppelt eine der größten inhabergeführten Kommunikationsagenturen mit über 700 Mitarbeiter:innen. Zwischen 2018 und 2020 forschte er an der Harvard University zu Zukunftsnarrativen. Zuletzt erschien sein Buch *Zukunftslärm* (2021).

Über mein Team

Die Idee zum Narrative Sky-Modell und zur Storyverse Canvas ist in einem Forschungs- und Entwicklungsteam entstanden, zu dem neben mir Dr. Rafael Dernbach, Dominik Schenk, Dr. Philipp Wüschner, Tabea Venrath und Dr. Georg Dickmann gehörten. Viele Inspirationen und Anregungen kamen von weiteren Mitdenker:innen, Beratungskund:innen, Fallstudien und Experimenten, für deren Inspiration und Hinweise ich sehr dankbar bin. Mein drittes Buch, *Zukunftslärm*, skizziert wichtige Grundlagen der Denkweise, auf der die Modelle in diesem Buch beruhen. Mir geht es dabei in erster Linie um ein Future Mindset, um eine Zukunftsmentalität, die von Optimismus geprägt ist und von einem offenen Blick auf Zukünfte und die Möglichkeiten, sie zu gestalten. Dafür soll das Buch strategische Instrumente anbieten, mit denen sich dieses Mindset trainieren lässt. Neben der kognitiven und argumentativen Arbeit war vor allem auch die Welt der Visualisierung, das Arrangement von Affekten und Emotionen entscheidend für viele Positionen und Punkte in diesem Buch. Deshalb danke ich den daran Beteiligten, Roman Hilmer, Henning Lüdeke, Katharina Noemi Metschel, Thomas Kappes und Christoph Schulz-Hamparian, für ihre Arrangements und Art Direction.

Über Euch

Dieses Buch mit seiner Metapher einer Reise in den Kosmos der Geschichten, auf die man sich begibt, um zu strategischer Zuspitzung zu gelangen, kommt in einer Zeit großer Krisen. Unterdrückung, Pandemie, Krieg in Europa, Energiekrise, Klimakrise. Viele Menschen sind von der Problemlage auf eine Weise betroffen, dass sie nicht optimistisch sein können. Umso wichtiger, dass Ihr auf verantwortliche Weise Zukünfte gestaltet, die nicht zuerst aus Bedenken bestehen. Dass Ihr durch die Unsicherheit führt, indem ihr guten Ideen und Zukunftsperspektiven Raum verschafft, ohne unkritisch zu sein, ohne schwarze Löcher zu ignorieren oder gar die Krisen auszublenden. Fiktion, Ideen, Inspiration können auch in Krisen und nicht nur auf sonnigen Wiesen wachsen. Sie haben mit Muße zu tun, aber ebenso mit Kompetenz, Disziplin und Energie. Ich freue mich auf eure Arbeiten und Feedback zu den Ideen des Buches. Ich hoffe, dass es ein Beitrag ist, Zukunftsgestaltung methodischer anzugehen und die Kraft von Zukunftsnarrativen zu entfalten.

Literaturquellen

Ächtler, N. (2014). *«Was ist ein Narrativ? Begriffsgeschichtliche Überlegungen anlässlich der aktuellen Europa-Debatte»*. KulturPoetik 14 (2): 244–268.

Adamson, G./ Pine J./ Van Steenhoven, T./ Kroupa, J. (2006). *«How Storytelling can Drive Strategic Change»*. Strategy & Leadership 34 (1): 36–41.

Breithaupt, F. (2022). *Das narrative Gehirn: Was unsere Neuronen erzählen.* Frankfurt am Main: Suhrkamp.

Damodaran, A. (2017). *Narrative and Numbers: The Value of Stories in Business.* New York: Columbia Business School Publishing.

Dunne, A./ Raby, F. (2013). *Speculative Everything: Design, Fiction, and Social Dreaming.* Cambridge: The MIT Press.

El Quassil, S./ Friedemann, K. (2021). *Erzählende Affen. Mythen, Lügen, Utopien – Wie Geschichten unser Leben bestimmen.* Berlin: Ullstein.

Fenton, C./ Langley, A. (2011). *«Strategy as Practice and the Narrative Turn.»* Organization Studies 32 (9): 1171–1196.

Fischer-Appelt, B. (2021). *Zukunftslärm. Welche Erzählungen helfen, das Morgen zu gestalten.* München: Redline Verlag.

Fischer-Appelt, B./ Dernbach, R. (2022). *«Exploring narrative Strategy: the role of narratives in the strategic positioning of organizational change»*. Innovation: The European Journal of Social Science Research. London: Routledge.

Jasanoff, S./ Kim, S. H. (2015). *Dreamscapes of Modernity. Sociotechnical Imaginaries and the Fabrication of Power*. Chicago, London: Chicago University Press.

Kaplan, S./ Orlikowski, W. (2014). *Beyond forecasting: Creating new strategic narratives.* MIT Sloan Management Review. 56 (1): 23–28.

Koschorke, A. (2012). *Wahrheit und Erfindung: Grundzüge einer Allgemeinen Erzähltheorie.* Frankfurt am Main: S. Fischer.

Shiller, R. J. (2019). *Narrative Economics: How Stories go Viral & Drive Major Economic Events.* Princeton: Princeton University Press.

Quellen

Dein Flugplan der Reise

McCarthy, J./ Minsky, M. L./ Rochester, N./ Shannon, C. E. (1955). *«A Proposal for the Dartmouth Summer Research Project on artificial Intelligence»*. Stanford: Stanford University http://www-formal.stanford.edu/jmc/history/dartmouth/dartmouth.html (Aufgerufen am 27.09.2022)

Quellen Cases

Netflix

Stratability Academy (2019). *«Winning the Customer Journey Battle: Netflix vs Blockbuster Case Study»*. Strategyjourney.com/winning-the-customer-journey-battle-netflix-vs-blockbuster-case-study/ (Aufgerufen am 27.09.2022)

Davis, T./ Higgins, J. (2013). *A Blockbuster Failure: How an Outdated Business Model Destroyed a Giant. Chapter 11. Bankruptcy Case Studies.* University of Tennessee College of Law Student Work.

Gladwell, M. (2013). *David und Goliath. Die Kunst, Übermächtige zu bezwingen,* Frankfurt am Main: Campus.

Sylt

Anonym (2021). *«Sylt im Konflikt zwischen Overtourism und Nachhaltigkeit»*. https://www.stern.de/reise/deutschland/sylt-im-konflikt-zwischen-overtourism-und-nachhaltigkeit-30501670.html (Aufgerufen am 27.09.2022)

Viehmann, S. (2011). *«Elektroautos auf Sylt. SUV contra Stromer»*. https://www.sueddeutsche.de/auto/elektroautos-auf-sylt-suv-contra-stromer-1.1147384 (Aufgerufen am 27.09.2022)

Ferrari

Ferrari Homepage: www.ferrari.com (Aufgerufen am 27.09.2022)

Thomke, S. (2019): *The Magic that makes the Customer Experiences stick.* MIT Sloan Management Review.

Thomke, S./ Corsi, E./ Nimgade, A. (2018). *Ferrari.* Harvard Business Review.

Mirzayev, T. (2020). *«The Ferrari»*. https://www.researchgate.net/publication/341976034 (Aufgerufen am 27.09.2022)

Krogh, H. (2022). *«Schon 2026 deutlich mehr E-Sportwagen als Verbrenner: Das plant Luxushersteller Ferrari»*. Business Insider. https://www.businessinsider.de/wirtschaft/mobility/schon-2026-deutlich-mehr-e-sportwagen-als-verbrenner-was-der-luxushersteller-ferrari-fuer-die-naechsten-vier-jahre-plant-a/ (Aufgerufen am 27.09.2022)

Zwick, D. (2022). *«Jetzt fällt auch die letzte Verbrenner-Bastion»*. Welt. https://www.welt.de/wirtschaft/article239403749/Ferrari-plant-Elektroautos-Jetzt-faellt-die-letzte-Verbrenner-Bastion.html (Aufgerufen am 27.09.2022)

Milch

Tunk, C. (2022). *«Alter weißer Böhmermann will Cappuccino mit ‹normaler› Milch»*. Berliner Zeitung; https://www.berliner-zeitung.de/news/auf-twitter-alter-weisser-boehmermann-will-cappuccino-mit-normaler-milch-li.233739 (Aufgerufen am 27.09.2022)

Oatly Homapage: https://www.oatly.com/de-de/sustainability (Aufgerufen am 27.09.2022)

Lönneker, J./ Diefenbach, M./ Struwe, L. (2022). *Zukunfts-Bauer. Über die Analyse und Gestaltung des öffentlichen Vertrauens*. Münster: Landwirtschaftsverlag Münster.

Imagefilm Tirol Milch: https://www.youtube.com/watch?v=a_-w7suDuiM (Aufgerufen am 27.09.2022)

Rügenwalder

Lönneker, J./ Diefenbach, M./ Struwe, L. (2022). *Zukunfts-Bauer. Über die Analyse und Gestaltung des öffentlichen Vertrauens*. Münster: Landwirtschaftsverlag Münster.

Laudenbach, P. (2019) *«Alles Wurst»*. brand eins. https://www.brandeins.de/magazine/brand-eins-thema/reputation-2019/ruegenwalder-muehle-ealles-wurst (Aufgerufen am 27.09.2022)

Rügenwalder Mühle Carl Müller GmbH und Co. KG (2020). *Nachhaltigkeitsbericht*: chrome-extension://efaidnbmnnnibpcajpcglclefindmkaj/https://cdn.ruegenwalder.de/downloads/Nachhaltigkeitsbericht-2020.pdf (Aufgerufen am 27.09.2022)

Rügenwalder Mühle Carl Müller GmbH und Co. KG https://www.ruegenwalder.de/unser-ansatz (Aufgerufen am 27.09.2022)

Rauffus, C./ Röben, G./ Esch, T. (2009). *Von der Wurst zur Marke: Aufbau der Dachmarke Rügenwalder Mühle*, in: Esch, F.R./Armbrecht, W. (Hrsg.) *Best Practice der Markenführung: Zielsetzung – Strategie – Umsetzung*. Wiesbaden: Gabler Verlag.

Schäfer, C. A. (2020). *Everything has an end, only the sausage has two: profit & purpose: Dissertationsschrift*. https://repositorio.ucp.pt/bitstream/10400.14/31174/1/152118090_Carolin%20Andrea%20Sch%C3%A4fer_DPDFA.pdf (Aufgerufen am 27.09.2022)

Reich, I. (2007). *«Wir sind die Leckeren»*. Handelsblatt. https://www.handelsblatt.com/unternehmen/mittelstand/ruegenwalder-muehle-wir-sind-die-leckeren/2850328.html (Aufgerufen am 27.09.2022)

Anonym (2014). *«Wurst wird die Zigarette der Zukunft»*. Handelsblatt. https://www.handelsblatt.com/unternehmen/mittelstand/ruegenwalder-wurst-wird-die-zigarette-der-zukunft/10696962.html (Aufgerufen am 27.09.2022)

Bündnis 90/DIE GRÜNEN

Heinrich-Böll-Stiftung (2022). *«Die Grüne Erzählung»*. https://www.boell.de/de/die-gruene-erzaehlung (Aufgerufen am 27.09.2022)

Meinefeld, O. (2016). *«Eine kurze Geschichte der grünen Gerechtigkeitsidee»*. Boell.de https://www.boell.de/de/2016/03/10/welche-stationen-welche-wendepunkte-eine-kurze-geschichte-der-gruenen-gerechtigkeitsidee (Aufgerufen am 27.09.2022)

Joey Kelly

Kelly, J. (2011). *Hysterie des Körpers. Lauf meines Lebens.* Rowohlt: Hamburg.

Joey Kelly: *Homepage*: https://joeykelly.de/ (Aufgerufen am 27.09.2022)

Panhorst, K. (2017). *«Das Leben ist ein Marathon»*. Westfalenblatt. https://www.westfalen-blatt.de/owl/bielefeld/das-leben-ist-ein-marathon-1391171 (Aufgerufen am 27.09.2022)

BUNTE.de Redaktion (2022). *«Joey über alte Wohnsituation: ‹Wir hatten für 12 Mann zwei Zimmer›»*. Bunte. https://www.bunte.de/entertainment/joey-kelly-ueber-alte-wohnsituation-wir-hatten-fuer-12-mann-zwei-zimmer.html (Aufgerufen am 27.09.2022)